逆襲者的求生筆記

你可以不腹黑，
但別讓自己活得太委屈

莎莉夫人（Ms. Sally）

———— 著

目次

(PART **2**)

職場篇：向上管理

(PART **3**)
人生篇：向死而生

自序

　　寫完第一本書之後，我收到很多讀者的反饋，從這些內容中我發現，職場霸凌情況嚴重。不管是來自老闆或直屬長官的性騷擾、言語霸凌，同事間彼此陷害、上司爭功諉過，或是公司改組、出現財務危機，希望員工自請離職、公司不想付資遣費，甚至逼迫員工遊走法律邊緣完成交辦事項……等。有權勢的一方使盡各種手段，讓員工在極度弱勢的處境下，既不敢訴諸法律行動討回公道，以免丟了飯碗，又得天天活在不友善的職場環境裡；有人因此失眠，有人則是罹患身心症。

寫這本書的主要目的是告訴大家：你可以不腹黑，但是，你必須懂這些腹黑的伎倆；更重要的是，我希望能幫助你，在險惡的職場與人生競技場中，不僅能看清他人的意圖、手段，還能事先做好防範，避免被傷害；有時就算你做足防備，依舊不幸被人從背後射了一箭，你也有辦法重新站穩腳步，而不是因受傷而出局。

　　我不是教你詐，更不是傳遞負能量給大家。那些心靈雞湯的療心文章，確實能多少撫慰一下我們受傷的心，但無法解決我們在殘酷現實世界遭遇的各種問題。這絕對不是你跟自己說：「所有壞事都會成為過去，相信自己、愛自己，明天會更好。」就能等到美好的明天。當環境對你不友善的時候，你也不要活得太委屈。

　　當你看透那些害人的手段，甚至比小人更了解小人的招數，不要擔心自己會因此成為一個陰險冷血之

人；只要你知世故、懂圓滑後，還能用溫暖的眼光看世界，你就是守護了屬於自己的心靈淨土。

這是讀者們跟我共同完成的一本書，裡面集合了形形色色的真實案例。

這本書分為三部分：

「第一部　職場篇：權力遊戲」。讀者可以從每個故事主角的遭遇中，想想自己在職場上是否也碰到類似的困境？該怎麼有效解決問題？每篇文章之後，都有一篇「逆襲者的求生筆記」，教大家怎麼自保與自救。

「第二部　職場篇：向上管理」。跟大家談談在職場上，怎麼聽懂上司的話中有話？怎麼讓主管知道你的存在，進而賞識你？萬一跟主管不對盤或是上司老是把自己的工作推給你，你該怎麼因應？

這些問題的解決方法，我都寫在書裡，跟大家分享職場生存之道。

「第三部　人生篇：向死而生」。如果你正在找尋生命的意義，想知道人為什麼而活？死亡真的是句點嗎？當面對摯愛的人離開、憂鬱悲傷來襲的時候，該怎麼自處？還有，你想成為什麼樣的人？當你選擇勇敢面對自己的不同，家人卻不諒解時，這條和解之路該怎麼走？假使你正面臨這些問題，努力尋找答案，希望可以提供一些指引。

跟第一本書一樣，本書版稅全數捐做公益。捐贈對象為我的母校——私立天主教輔仁大學的「為大體老師找個家」募款計畫。除了感念母校之外，我也想向大體老師致敬，表達我最由衷的感謝。大體老師讓醫學院的學生有認識人體、實際操練手術的機會；更重要的是，大體老師教會我們：只要我們這一生好好活過也愛過了，死亡並不可怕。大體老師在抵達生命

終點的時候，捐出自己的身體，利他助人，這是生命最高價值的展現。

　　謝謝成為這本書主角的讀者們，尤其是我的學生——花花，在漫長的性別認同道路上，等了九年，終於等到母女和解。感謝好友黃大米帶領我走上自媒體寫作之路，謝謝我的母親及我的先生對我的支持與包容，感謝時報出版社總編輯樨甄的潤稿與校對，謝謝讀者們打開這本書閱讀。

PART *1*

職場篇
權力遊戲

1

闖入職場慾望森林的白蝴蝶：
權力遊戲的被害者

　　那年春雨特別多，澳門沙梨頭安全島上的綠草，積了一窪一窪的水潭。胡蝶穿著白色小洋裝，搭乘巴士在這裡下車，擔心來往車輛濺起的水花弄髒了衣裳，她一腳踏在安全島上，卻被水潭的泥巴給濺髒了白鞋。

　　安全島，並不安全。怎麼也躲不過的汙漬，預告了她即將走入的一場人生浩劫，彷彿命中注定。

胡蝶，人如其名，膚色白皙又酷愛白色，風吹起她的洋裝下擺，像極了翩翩飛舞的白蝴蝶。她是從遙遠晨起的黑龍江鄉村飛到澳門不夜城的小姑娘。

就像蛻變是毛毛蟲長成蝴蝶必須經過破繭而出的掙扎，女大十八變的胡蝶也經歷了一段蛻變的過程。她是老家黑龍江鄉村裡第一個考上全國頂尖大學的女孩，更是全村的驕傲。大學四年的學費除了靠獎學金支付，她的生活費也是全村叔伯阿姨們共同集資幫她湊齊的。當蝴蝶展開翅膀的那一刻起她就知道，必須承載超過所能承受的重量；而為了回報眾人的期待，她竭盡全力地展翅高飛，讓自己不能、千萬不能墜落。

大學畢業前夕，她看到澳門賭場酒店的一則招工信息，「XX 酒店誠聘總經理祕書」。五星級酒店網站上刊登的公司照片，是她從未見過的繁華之地，大廳中金碧輝煌的梁柱，像是一個遙不可及的夢。

胡蝶如飛蛾撲火般奔向了這個金色夢境。

面試那天，出門前天氣尚好，但她一坐上車就開始下起雨，下車時她以為踏上安全島會安全些，沒想到一腳陷進綠草堆中的水窪。

這隻狼狽的白蝴蝶，竄進皇宮般的面試場地，髮梢還殘留著雨水，一撮濕漉漉的髮絲緊貼在她的臉龐，看似困窘卻顯得楚楚動人，且格外惹人憐惜。

「等會兒陳總會給大家面試，唸到名字的人，請進入會議室，其他人就請稍待。」梳著整齊髮髻的人資小姐身穿貼身的制服，先用普通話、再用粵語說了一遍。

胡蝶仔細觀察坐在一旁的競爭對手們，各個妝容細緻、氣場強大，相形之下，她不像個蓄勢待發的社會新鮮人，反倒像個清純的高中生。

終於，工作人員喊到胡蝶的名字了，會議室的門有些厚重，她使勁地推才推開，一道不屬於她的世界之門在眼前敞開。

陳總，是位拿香港護照的中國人，外表乾淨白皙，溫文有禮。當他低頭注視胡蝶沾了汙泥的白鞋襪及那雙白淨的小腿時，目光突然變得炯炯有神。胡蝶的眼神對上了他的視線，霎時像是觸電一般，動彈不得。

「怎麼弄濕了頭髮和鞋子？一定很難受吧，要不我請人給妳一條毛巾，先擦乾頭髮，可不要感冒了。」他展現出體貼入微的「紳士」風度，並且當場錄取了毫無工作經驗的胡蝶，成為他的私人祕書。

到職之後，胡蝶成了公司女員工們爭相討好的對象，大家紛紛向她打探消息：「陳總到底有沒有結婚啊？」「如果能當上陳太，肯定是上輩子拯救了整個

宇宙！」不能怪女員工對陳總感到好奇，誰叫他的外型長得像演員陳柏霖，性格又宛如李大仁。

俊美的外貌，加上擁有金錢與權勢，無疑是超強春藥。

在試用期前三個月裡，兩人維持著上司與下屬的公事往來。試用期過後，陳總帶著她出國考察，出差前一天，把家裡鑰匙給她，跟她說自己還有會議要開，請司機先載她到他家裡幫忙整理行李。

司機將她送到目的地後就轉身離去。這間豪宅乾淨又明亮，鋪著波斯地毯，胡蝶好奇地在屋裡四處觀看，想起黑龍江老家的黃土地客廳，分明就是兩個世界。

這是她第一次手拿著父親以外的男人內褲，莫名地心跳加速。通常只有太太會幫丈夫摺疊內衣褲，

不是嗎？「陳總讓我到他家，放心地給我鑰匙，代表什麼呢？」胡蝶想像著一般夫妻日常生活的畫面，頓時羞紅了臉。一把鑰匙，讓陳總成功地打開了試探之門，下一步就是解鎖男歡女愛的情慾。

那是她的初夜。

陳總回到住處後，從背後環抱住胡蝶，她沒有抵抗，好像期待已久的偶像劇終於開拍，她是天真無邪的女主角，被霸氣總裁霸道地愛著。

對花花公子的陳總而言，這是他演了不知多少次的劇本，愛之於他是太奢侈的東西；此時此刻他只想蠻橫地硬上。胡蝶被陳總扯破底褲的時候，驚嚇地喊著：「不要！陳總，不要！」陳總壓住她嬌小的身軀，強逼她就範。「就知道是處女，落紅，真美。白蝴蝶染了紅就是粉紅色了，跟妳的乳頭一樣的顏色。」他的鬍渣在她豐滿的雙乳間游移摩搓，

她被他的身體緊緊壓著，感覺靈魂正飄浮在空中，俯視著這荒謬的畫面。

從這天起，胡蝶的記憶常常斷片，就像宿醉後醒來，什麼也記不起來。被逼獻出初夜的幾個月後，胡蝶發現，陳總其實是處女收藏家，他的祕書一個不夠，等情竇初開的女孩兒獻出初夜之後，就會再招聘另一位。

陳總喜歡聘用從頂尖大學剛畢業的鄉村小姑娘當祕書，他跟他的兄弟們炫耀說：「這樣的女孩兒，只會念書、涉世未深，家裡窮，很容易上鉤。最重要的是，肯定是處女，被玩過了，自尊心強，也不敢張揚，繼續一往情深，癡情得很。」語畢，他仰頭大笑，那張原本溫文有禮的俊俏臉龐，齷齪起來，比鬼還猙獰。

胡蝶不甘心被玷汙，經過一番調查後得知，在她之前的女祕書們，有的已經嫁人，不願再提起過去的事情；有的找到新工作，只想息事寧人，「他在澳門認識很多人，我得罪不起！妳最好別惹他，告他也沒用。」

　　那些和她一樣遭遇被強暴命運的女孩，選擇安靜地離開；強暴弱女子的渣男，則繼續尋找下一個獵物。但是受到打擊的胡蝶不打算離職，從她用盡力氣，推開面試會議室大門的那刻起，看似溫柔嬌弱的她，就沒打算要示弱。

　　懷抱著復仇心的女人，她的笑容，令人不寒而慄。陳總開始刻意地跟胡蝶保持距離，但他越表現出彬彬有禮的樣子，胡蝶就越覺得憤怒。「我本是潔白飛舞的蝴蝶，承載全村人期望的胡蝶，怎麼活成了這般模樣？」自覺骯髒、滿腹委屈，卻不能跟任何人訴說。

很快地，陳總的另一個祕書上任了，長得活脫脫是復刻版的胡蝶，要說兩人之間有什麼差別，就是有著四分之一俄羅斯血統來自內蒙的刑莉，皮膚白到幾乎要融化在飯店的白瓷磚裡。

　　陳總又要出國考察了，只是這次隨行的祕書換成了刑莉。一樣的劇情在他出差之前、陳總的豪宅臥室內上演。正當陳總把刑莉的雙腿抬到自己雙肩上，把陰莖插入她的體內、不斷抽動的時候，胡蝶手持水果刀闖進臥室，從陳總背後用刀狠狠地刺穿了他的心臟。刑莉嚇得驚聲尖叫！胡蝶繼續拿刀刺向刑莉的陰唇，鮮血噴到胡蝶臉上，她用鮮血奠祭了自己童貞，還有那段再也回不去的青春。

　　胡蝶，瘋了。

　　公安人員抵達現場的時候，胡蝶一手握著水果刀，另一隻手拿著鑰匙，喃喃自語地說著：「我是陳

太太，這是我家，我是陳太，我是陳太……」

蝴蝶墜落了。

胡蝶的家人將她帶回黑龍江的精神療養院。今年是她發病的第六年，春雨泛漫的天氣裡，眼前總會出現一窪一窪的水潭，此刻的蝴蝶不再承載任何人的期許，翅膀輕了，卻再也飛不起來，黑龍江的天空跟澳門是一樣的天空嗎？胡蝶透過鐵柵欄遙望著天，像是做了一個遙遠的夢。

逆襲者的
求生筆記

找工作前停、看、聽，遠離致命的辦公室戀情

胡蝶的經歷讓人心疼，但是她的故事，也教會我們幾件事。

首先，應徵一份工作前，請多方打探前一位工作者離職的原因，以及直屬長官的人品。

　　品格有瑕疵的老闆，即使公司規模再大，薪水給得再高，也不會是一個好的選擇。與其為對方工作後，常常陷入道德兩難的選擇，不如一開始就婉拒這個機會。你可以仔細考量，前一位工作者離職的原因，是否也會是你未來在這份工作中會遇到的障礙和困擾？這個難題，是你可以接受和克服的嗎？

　　在某些情況下，老闆的特助或祕書常常會被指派處理一些老闆的私事。此時，要怎麼保持公私界線分明是一大考驗。在公事上，妳必須照應老闆的需要；私領域裡，請保持清楚的界線。搞清楚什麼是祕書分內應該做的事？遇到什麼事情時該婉拒？因此，在應徵工作的時候，請釐清工作的職責，確認實際工作範圍。

我們一天至少有三分之一的時間都在工作，與上司及同事相處的時間，往往比家人更長，很容易日久生情，產生情愫。談辦公室戀情很容易見光死，能夠修成正果是好事，通常悲劇收場的機率比較高。而一旦分手或感情產生變化，兩人之中勢必有一人會考慮離職或被迫離職。為了自己的前途著想，投入這段感情前不妨先靜下心來想清楚，妳能不能負荷這樣的內心壓力呢？

如果戀愛對象是上司，因為牽扯到「權力」關係，情況又更複雜了。在職場中，權力確實會讓一個人充滿魅力，但「人品」才是維繫一段感情長久的因素。所以，當你情不自禁愛上主管時，請試著跳脫職場角色，冷靜地問問自己：「除了工作中的他，我對他了解有多少？我到底是愛這個人？還是被他的金錢和權力所吸引？」尤其是初入職場的年輕女性，很容易被年長男人展現的成熟魄力迷惑，在「權力」之下產生屈服。

職場裡的人際關係，向來是講求對等互惠原則的。君子之交淡如水，如果大家能夠在工作上公事公辦，少點人情羈絆未嘗不是一件好事。當你只是下屬時，上司真的沒必要討好妳；假使妳發現上司表現得太過熱情體貼，像是主動表示要接送妳上下班、經常送妳東西，就要留意了！妳可以在適當的時機，用溫和堅定的立場，讓對方知道，妳對他的感覺僅限於同事之誼，除此之外，沒有其他的非分之想。

　　萬一主管濫用權力伸出魔掌，不幸發生職場性騷擾、性侵害事件，許多受害者礙於權力不對等與自身面子問題，常常選擇噤聲不語或主動離職。根據現代婦女基金會在 2021 年 3 月 8 日公布的資料顯示，臺灣職場性騷擾案件，近年來有增加的趨勢。2010 年，現代婦女基金會接獲職場性騷擾的諮詢，佔整體諮詢量的 54.3%，比起 2017 年的 17.6%，大幅攀升。有將近一半的女性受訪者表示，曾遇到職場性騷擾，但只有一成的受害者，曾經提出申訴。

現代婦女基金會的這份資料透過網路蒐集了1057 名女性受訪者的問卷，結果顯示，有 455 人曾遇到職場性騷擾，發生率為 43%。而性騷擾並不像外界以為的，僅限於口頭上開黃腔、吃吃豆腐，更多是摟肩、摸頭、撫背……等肢體動作碰觸。有 289 位女性受訪者表示，曾被上司或老闆用肢體碰觸的方式性騷擾過，佔受訪者比例的 63.5%；而被言語性騷擾的比例佔 60.9%。

這份調查指出，性騷擾者以老闆、上司為主，佔比為 41%，其次是同事，佔 39.3%。遇到職場性騷擾甚至性侵害，請尋求法律協助，積極蒐證，該驗傷的驗傷，該索賠的索賠，千萬不要縱容這些職場惡狼；即便他是有權有勢的大老闆，也要揭穿他的假面，讓他接受法律制裁。

在職場上遇到棘手的問題時，妳要做的是尋求協助，而不是一個人默默忍耐，把心事往肚子裡吞。為

了保護自己的隱私，妳不用也不必跟同事訴苦，必要時可以求助心理諮商師及律師。像胡蝶那樣玉石俱焚的做法，其實是最不好的處理方式，就算妳受到天大的委屈，都不必為了一個狠狠傷害你的爛人，葬送自己全部的人生。記住：妳是被害者，錯的是加害人，妳並沒有錯！

2

金權蜘蛛網：
工作是一時的，誠信是永遠的，
請別以身試法！

　　在近三十年的職場生涯中，小美有兩次走投無路的經驗。一次是因為照顧生病的父親，被長官要求在公司與家人之間做出選擇，結果小美「被離職」了。父親過世後，小美待業了一年多，才找到新工作。後來，小美轉換跑道進入公關業，當她完成一個大陸客戶的專案、還沒找到新工作前，很快又逃離了這家公司。

　　這個專案是壓垮小美公關人生的最後一根稻草。

小美放棄了先前二十多年的新聞工作經驗，轉戰公關界，將過往的工作資歷打掉重練，一切從零開始，這是下了很大決心後才做出的決定。但是，當小美滿懷敬意與感謝地走進這行業，迎接她的卻是一個不懷好意的世界。

　　透過獵人頭公司的牽線，面試時主管以小美「沒有相關產業經驗」為由，希望她能減薪，而她也接受了減少月薪 1 萬 5 千元的條件，到一個基金會工作。這個基金會的董事長是已故某知名企業家的女兒。企業家生前以推廣公益慈善事業為己任，他把絕大多數的財產投入在這個基金會裡，希望幫臺灣社會多做一點事。有一天，正值壯年的企業家猝死的消息，震驚了全臺灣。他的女兒接手父親設立的基金會後，另外再成立了一家公關公司，自己擔任董事長，原先的基金會董事長改由她的丈夫接手。小美在基金會工作四個月，每次提案都被董事長打槍，覺得很挫折；其實不只是小美，其他的同事也一樣，因為董事長最後的

結論總是：「把專案外包吧！」

外包就必須找三家公關公司進行比稿，但是基金會的專案經理們都心照不宣，另外兩家是來陪榜的，最後一定是企業家女兒的公關公司得標。於是，丈夫擔任董事長的基金會的錢，自然就流入了妻子開的公關公司的戶頭裡。

小美回想當初撐了四個月才離職的理由，覺得很可笑。雖然試用期是三個月，儘管所有提案一個都沒過，她仍堅持做到試用期期滿，這樣就能證明她的專業能力沒問題，是個稱職的專案經理，是她選擇放棄這家公司，而不是這家公司淘汰了她。

到了小美離職的最後工作日，基金會執行長突然把她找進辦公室，要求她簽署一份保密條款。「為什麼其他專案經理離職時不用簽保密條款，我卻要簽呢？」面對小美的質疑，執行長說：「妳的媒體背景

讓董事長擔心，妳離職後會跟媒體爆料，說他們夫妻把左邊口袋的錢搬到右邊口袋。妳就簽吧，不簽的話，就拿不到離職證明！」

也不能怪執行長不知道小美吃軟不吃硬的個性，畢竟四個月的時間真的太短，短到讓他來不及認識小美；或許是小美的職位在他眼裡看來很普通，普通到他不屑去了解小美為人處事的原則。

一聽到「不簽，就拿不到離職證明」這句話，小美的媒體人性格就出來了。「謝謝您提供這麼大的新聞線索給我，本來我沒想要爆料的，被您這麼一講，我的新聞魂都被召喚出來了。您放心，我肯定不會簽保密條款。我要求今天晚上六點下班前，一定要拿到離職證明，否則我一定跟媒體爆料，而且我會說是執行長親口說的！」

直到現在小美還記得執行長當下的表情，那張

平常總是趨炎附勢的嘴臉因為震驚，有說不出的難看。想拿一張離職證明恐嚇媒體人乖乖就範，未免太天真了。

當天下午五點，人資經理親自把小美的離職證明交給她，並且面帶歉意、面露惋惜的表情，微笑地說：「小美，真的好捨不得妳，妳很優秀喔，我會想妳的！愛妳喔！」平常趾高氣揚、一臉高冷的中年人資經理，突然用裝可愛又裝熟的語氣說話，演好演滿，讓小美不禁懷疑自己是不是走錯棚了，走進了恐怖電影的場景之中。

離開基金會後，擔心斷炊，小美又開始找下一個頭路。此時她想起了大學同學阿富，聽說他創業開了一家整合行銷公司，小美主動打電話給阿富，希望有工作的機會。阿富說很歡迎小美到他的「小公司」幫忙，但礙於小美的薪資過高負擔不起，如果她能減少月薪 4 萬元，他很歡迎老同學立即來公司上班。

減薪四萬元?!真的太狠了,但小美已經待業快三個月了,不知道理想的工作何時才會出現,一時心急的她,心想:「不如騎驢找馬,只要找到好的工作就立刻離職,現在就先忍耐一下吧!」抱持勉強湊合的心理,進入了這家公司。

這家行銷公司真的是名副其實的小公司,除了老闆、會計與一位網路美編外,只有兩位專案經理。阿富為了在競爭激烈的業界求生存,篤信「富貴險中求」,他常說:「只要不犯法,什麼錢都可以賺!」後來小美從經手的專案證明了,阿富的這句話應該改為:「就算犯法,只要不被抓到,什麼錢都可以賺!」才對。

2013年,有家中國大陸國營企業分公司,準備在某個一線城市蓋一座商場,希望招攬臺灣美食及伴手禮業者進駐。對臺招商的媒體宣傳及舉辦說明會,專案總金額是人民幣380萬元,這項大型專案最後由

阿富這家只有兩位專案經理的「小公司」得標。

阿富指派小美負責這個專案的規劃與執行，在簽約的時候，客戶方的副總經理（臺灣籍）挑明了說：「我們這麼大的公司，把這麼大的案子交給你們這家小公司做，你們應該知道『知恩圖報』吧！我奉總經理（臺灣籍）之命，要拿回 150 萬人民幣，這錢不是放進我們的口袋，而是拿來支付積欠建商的費用。」

簽約金額寫著「人民幣 380 萬元」，實際的專案經費只有 230 萬人民幣。這消失的 150 萬人民幣，要怎麼編列在支出項目裡？除了浮報支出金額，小美想不到更好的辦法。

「浮報支出金額，這樣做好像觸法，董事長可不可以教我該怎麼做？」在公司裡，小美稱呼阿富「董事長」，儘管阿富總是叫小美「同學」。

董事長回道：「每個支出項目都灌一點水，他們母集團都是中國大陸人，應該搞不清楚我們臺灣媒體宣傳費用的報價。同學，妳就放心去做吧，沒事的！」

這個案子執行到中期的時候，從客戶表現出來的種種跡象，小美隱約感覺到這是一起設計精良的「假招商、真詐財」案子。小美到那棟商場大樓的施工現場勘查過幾次，發現這個大樓的工程進度嚴重落後，客戶卻一點也不著急，不是拿了 150 萬人民幣給建商了嗎？怎麼還不見工程有進度呢？小美感到十分疑惑。

根據合約規定，隨著專案執行到某個階段，客戶要支付專案費用的 50%。阿富想早點拿到這筆錢，想必他也感覺到客戶端行為詭異，還是落袋為安，但客戶礙於無法直接匯錢到臺灣，建議阿富在中國大陸找一家人頭公司進行交易。

人頭公司老闆靳安答應借殼給阿富使用，但他在歐洲旅行，一時回不了中國，所以簽了名傳真給阿富，但客戶公司要求，必須是親自簽名才行。此時，阿富把這紙傳真放在小美桌上：「同學，妳的案子就由妳解決，就仿照靳安的簽名在合約上簽字，我們要盡快拿到錢，免得夜長夢多。」

　　此時，阿富跟小美心情上都感到焦慮不安。阿富的焦慮是想趕緊拿到錢，避免橫生枝節；一股不安則在小美心中油然生起，仿冒簽名不就是偽造文書嗎？這是犯法的事啊！小美問他：「董事長，如果我因為仿冒簽名坐牢，誰來照顧我母親？」阿富的回答，讓小美到現在都還記憶猶新。「放心啦，誰會知道是妳簽的？妳是我同學耶，妳要是坐牢，我會去探監；妳媽媽我也會代為照顧，每個月寄錢給她，不要擔心，沒那麼嚴重，不會有事的啦！」

看著桌上的傳真紙，小美的思緒飄回了大學時期。阿富、小美還有另外兩個死黨在大學的時候，常常一起完成分組作業。當時善良又勤奮的阿富，總是默默地幫大家做完大部分的工作，「忠厚老實、體貼善良」是老師及同學們給阿富的評價。曾經的「老實人」，是什麼原因、在什麼時候，變成如今這個樣子？

　　困惑不解的小美，一整個下午就呆坐在位子上，沒有任何動靜。她覺得自己好像是一隻迷失在荒漠中的駱駝，找不到方向，只能自虐地走下去，直到筋疲力盡倒下為止，或許就可以解脫了。

　　阿富看小美動也不動地坐在辦公桌前，整個人像失了魂一樣。他不願浪費時間，就把不知情的網路美編叫來，請她依樣畫葫蘆地在合約上簽名，而人頭公司的公司章，則由會計負責到印刻店刻印。為了拿到這筆錢，阿富指揮每位員工，各司其職，最終跑完了合約流程。

等到這項專案結束，寫完報告，得到客戶驗收同意後，小美立刻遞出了離職單。她有預感，這個案子將來肯定會出事。

2014 年中，已經嫁為人婦、回歸家庭的小美，看到前同事發給她的一則信息，告知她那位商場客戶已被母集團調查，因為母集團從結案報告中察覺各項支出高得離譜，一一偵訊相關人員後發現確實有弊端。不少臺灣業者加入招商的行列，投入資金後發現是個錢坑，那間美麗的百貨公司根本就是蚊子館，於是這群受害臺商集體向海協會陳情，希望這家中國國營企業能針對分公司進行調查處分。

根據新聞報導，這家企業母集團最後裁撤了分公司，並開除了參與這個專案的所有臺籍幹部。在媒體報導的字裡行間中，小美赫然發現有一個人並沒有在被開除的名單裡，他是分公司的臺灣籍總經理，就是他指示副總經理開口拿回扣的。

小美很想知道，為什麼身為弊案主謀的他，能夠安然無事地全身而退？幾年後，經朋友介紹，小美認識了曾在這家分公司擔任行銷總監的臺灣人，早已離職的她告訴小美，據她了解，這位總經理每次和廠商合作必拿回扣，拿到的錢都會進貢一些給母集團的當權者。

　　小美這才恍然大悟！而這齣比電視劇《藍色蜘蛛網》還勁爆的《金權蜘蛛網》，不僅讓人看到官官相護的金權關係，也看到了人性無止盡的貪婪。

人情債難還，求職應運用「弱連結」關係

　　從新聞產業到公關業，小美的轉業之路並不順利，除了公司本身有問題外，她不懂得謀定而後動，才會在轉業過程裡，無意中做出了令自己感到懊悔的

錯誤決定。

像小美這樣，沒有任何家庭背景可以當作後盾的人，就算現職工作做得再不愉快，還是應該找到新工作後再提出離職才對。沒有後路可走的焦慮，加上眼前的經濟壓力，讓她在倉促之下誤判情勢。如果小美能夠事先做好萬全準備，找到真正合意的工作再離開，或許就不必屈就昔日大學同窗好友阿富的小公司，忍受被減薪的不甘心，以及看人臉色，只為了有一份餬口的工作。

我們上班是為了賺錢，當薪水讓人覺得委屈的時候，工作起來自然就沒力。**別以為拿多少薪水做多少事，這是勞工的思維；發薪水給你的老闆所想的是，用最低廉的工資，換取員工最大的奉獻。**因此，別以為少拿一點薪水就可以少做一些事，這是太過天真的想法！**寧願被高薪壓榨、爆肝工作，也不要領低薪做到死。**

小美當時願意接受減薪的不合理對待，主要原因是，這份工作是她主動爭取而來的，當阿富答應給予工作機會之後，換成小美必須償還這份恩情。這個經驗告訴我們，千萬不要跟熟人成為上下屬的關係，如果你希望原本單純的友情能維持得長長久久的話，就別和朋友在同一家公司工作。

　　當你們是朋友的時候，或許可以無話不談；但當他變成你的頂頭上司或老闆時，情況可就大不同了。

　　找工作難免要靠關係，但最好是運用「弱連結」的關係。這聽起來有點矛盾，弱連結關係的人，為什麼要幫你找工作呢？好朋友或親近的長官，不是更有意願幫助我們嗎？

　　人情，是最難還的東西。所以，寧可找獵人頭公司幫忙，或不是那麼熟絡卻熱心的朋友介紹。事成之後，包個紅包、在五星飯店請對方吃頓飯，表達一下

謝意，從此就兩不相欠了。若是熟人牽成的工作，你想包紅包感謝朋友，他會豪氣地說：「我們什麼交情，哪需要來這套！」等你在工作中努力表現出一番成績或超越他的時候，你們的友情小船很可能就會翻覆。

我有兩位朋友因此翻臉，就是最好的例子。

美華介紹好友惠玲進入同一家公司工作，美華原本是個小主管，但惠玲進公司不到一年就升職加薪，位階跟美華一樣。兩人的感情此時有了變化，美華開始把惠玲當作假想敵，把難做的事都推給她做，「別忘了，當初是誰推薦妳到這家公司的？沒有我，妳能有今天嗎？」惠玲聽了，只能默默承受。

當小美拒絕仿冒簽名的時候，阿富也對小美說了同樣的話：「當初是妳求我讓妳來我公司上班的，現在我要妳簽個名，有這麼為難嗎？」小美以為自己已經用努力工作及減薪來報答阿富的人情，但，顯然她

錯了。阿富希望小美用他期待的方式來報答他，這才叫「知恩圖報」！而一旦被「人情」給綁架，就很難全身而退。在執行專案的過程中，小美發現公司涉及違法情事，不想牽扯其中，一度提出離職，但阿富卻說：「專案進行到一半，妳這樣做很不負責。我這裡人力少，妳不是沒看到，如果妳真要還我人情的話，就把這個專案做完再走，以後我們兩不相欠。」

對於小美來說，和某些人此生不復相見，可說是最大的祝福。

如果時間可以倒流重來的話，小美絕對會義無反顧地離職，說走就走，管他什麼人情！小美承認當時存有苟且之心，反正沒有人舉報、沒人知道，就不會有事，「浮報項目支出金額，是老闆指示我做的……」小美用這個理由來搪塞催眠自己。

即使事過境遷，小美仍無意為自己洗白，因為她知道錯了就是錯了。就算她之前待業了一年多，承受不起再次失業的焦慮，加上肩負著養家餬口的壓力，一時走錯了路，都無法赦免她曾犯下的過錯。

也許有人認為，一旦發現公司違法行事，就應該立刻辭職，寧可失業也不要成為共犯，才是明智之舉；有些人甚至想要挺身而出，檢舉公司，伸張正義。我認為，一個人能夠瀟灑離職的前提是：你是有選擇的，也沒有經濟上的顧慮。至於你為了伸張正義而檢舉公司，被你告發的公司頂多罰款了事，而你卻揹負了「抓耙子」之名，很容易就身敗名裂，也很難找到下一份工作，因為沒人敢僱用你。

我不是鄉愿，這世上有些事情，是你想管也管不了的，一不小心就會惹禍上身；況且，它也不是你今生來到人間的任務。

3

經營之王掏空公司的噩夢：
夢醒時分，吹哨者的悲歌

沒有顯赫的學歷，只有高職畢業的黃英和，因為讓一家老工廠起死回生，還把工廠規模越做越大，因此成為產業界的傳奇人物，多次登上財經雜誌封面，被媒體封為「經營之王」。

「經營之王」的成功是以健康為代價換來的。他每天至少花十六個小時在工廠，辛勞付出的結果雖然換得了事業上的好成績，但不到五十歲的他，因此罹患心血管疾病，心臟裝了五根支架。

「黃總不能倒，股東們還指望他替大家賺錢呢！」董事長在公司會議上公開肯定黃總的貢獻，黃總也借力使力，讓公司批准聘用私人護士的要求，隨時陪在他身邊，守護他的健康。

　　隨著工廠規模擴大，黃總的事業也蒸蒸日上，攀上了頂峰。他不想一輩子替人作嫁，便以大姨子的名義，在薩摩亞註冊了一家公司，透過交叉持股方式，成了這家公司的重要股東。

　　接下來，黃總開始與董事長平起平坐，在公司的地位和影響力甚至超越董事長。金錢與權力的巨大誘惑，讓黃總野心更大了，他想：「這家公司本來差點垮掉，是我把它救起來的，憑什麼好處卻得分給董事長那個無能的傻瓜呢？」

　　黃總開始一步步架空董事長，他還自行替自己加薪，每月支領 60 萬元薪水。他的私人護士其實是他

的小三，也由公司支付每月超過 20 萬元的薪資。黃總跟小三在信義計畫區租了間房子，舉凡租金、水電費，甚至買雞蛋跟蟑螂藥的錢，都報公帳，把公司當作自己的家產。

肥水不落外人田，黃總看到公司客戶越來越多，想要獨享這杯羹，索性以表舅的名義在外成立了一家新的工廠，搶走原本最大的客戶。工廠的原物料，全都改向黃總表舅的公司購買，價格則比市價高出一成。黃總的利慾薰心讓他再也無暇顧及公司利益，工廠營運也開始由盈轉虧，最後他看情況不對，乾脆一不做二不休地徹底掏空公司，能撈多少是多少。

在黃總底下做事的老王是公司裡的老員工，有次他被黃總授命去買最新款的蘋果手機，黃總特別交代他，發票跟收據不用打品名，之後再看這張發票要用哪筆經費核銷。除此之外，黃總的孩子每次出國旅遊的機票跟住宿費，也要求老王依循同樣的方式處理。

老王是個奴性很高的員工，對總經理的話深信不疑，上級叫他做什麼，他就老老實實去做，「哪有員工質疑長官的？他叫你買，叫你報帳，你敢說不嗎？」老王被董事長詢問時，這麼回答。

　　當董事長察覺黃總有異樣時，公司已經差不多快要被他給掏空了。董事長請老王出面檢舉黃總的不法行為，於是，老王的噩夢就此展開。

　　黃總的勢力早已全面滲透，老王當「抓耙子」的消息很快就傳遍了公司，誰跟老王說話，馬上就被黃總下令開除；黃總還刻意找了一位道士到公司做法，在老王的座位上灑符水，說是要清除「髒東西」。黃總沒有開除老王，是想要慢慢凌遲他，讓他知道當抓耙子必須付出的代價。

　　董事長忌憚黃總在公司的勢力只能隱忍，自然無法保護老王，董事長懊悔地說：「公司什麼時候變成

黃總的了？都怪我太信任他、太依賴他了！我太晚才發現，一切都來不及了……」可惜大勢已去。

　　董事長選擇認栽，老王可不服輸。他被黃總在公司裡折磨到生不如死，自動請辭後，索性當起吹哨者，向法院控告黃總的不法行徑及職場霸凌。這場訴訟打了好幾年，老王一邊打官司一邊找工作，求職則是四處碰壁。年過五十的他，每當去其他工廠應徵時，同行知道他就是舉發黃總的人，沒人敢聘用他。黃總有自己的事業和人脈，在他尚未被法官宣告判刑前，在業界依舊有著舉足輕重的地位。

　　「如果不是八十五歲的老母親還在，我早就一了百了、自殺了！」滿頭白髮的老王至今仍在找工作，內心暗自期盼惡人得到法律制裁的那一天，能夠早日到來。只是，待業多年的老王遲遲沒等到他要的正義，手上的積蓄、虛擲的時間卻一點一滴地流失了。

當你為正義發聲前請想想，你願意付出多大代價？

2019 年「風傳媒」有一篇報導，引起了我的注意。新聞的標題是「揭發長官貪汙卻葬送後半生！全臺最冤中年公務員告白：我被國家鼓勵站出來，卻被判了死刑！」

這起新聞事件的主角叫戴立紳，原本是新竹縣家畜疾病防治所基層人員，中年懷抱著讓生活更穩定的夢想，考取了公職，卻在一次跟政風人員的交談中得知，若是長官們「把公家錢視為自己的錢」，而協助報帳的基層人員也會被定義為共犯。於是，戴立紳決心舉發那些人，但他怎麼也想不到，自己會成為全單位第一個被免職的！在那之前，他當「吹哨者」的供詞被傳閱全單位，長官在他座位上灑符水說要「驅鬼」，同事奉命隨時用手機拍攝他的一舉一動，他的頭上有片烏雲罩頂，被籠罩在這道職

場霸凌陰影下，長達三年。

戴立紳當吹哨者的代價是失業了四年多，而舞弊的長官則火速申請退休，絲毫不受任何影響。「國家鼓勵大家出來揭弊，但最後變成揭弊的人處分最嚴重，而被揭發的人頂多被判緩刑，還能回去繼續當公職。」戴立紳無奈地說。

攤開這起案件的判決書會發現，公家錢是這樣被A走的：虛報人頭技術工的工資，挪用為單位私下招待上級長官或私人及同事聚餐等交際應酬費用；長官要買3C產品帶回家用，廠商開立不實單據讓基層員工報帳，名義是「維修無線電」。

那天戴立紳跟政風人員聊天時驚覺到，原來這些做法就是貪汙，政風人員鼓勵他當吹哨者，並且安慰他說，雖然負責報帳會被視為貪汙共犯，但因為出面揭發將會獲得「緩刑」，不用坐牢。戴立紳以為

「不用坐牢」就沒事了，卻沒想到踩到「公務人員任用法」第28條的死線：「有下列情事之一者，不得任用為公務人員……曾服公務有貪汙行為，經有罪判決確定或通緝有案尚未結案。」

戴立紳成了法院認證的揭弊者與貪汙共犯，這一紙有罪判決換來一張免職令，這就是國家給予戴立紳的「保護」。

當記者問戴立紳：「如果人生能重來一次，你還會選擇揭發舞弊嗎？」戴立紳笑了笑，回了一句：「你當我頭殼壞了嗎？」

這是 2019 年 12 月 10 日的新聞報導內容。戴立紳仍在等待復職，並且抱持一線希望，期盼「公益揭弊者保護法」能更完善地保護吹哨者，包括設立「揭弊者保護官」、檢察官對揭弊人做「緩起訴」處分、避免調查過程中讓揭弊人身分曝光、揭弊者從「得」

復職改為「應」復職等，徹底保護揭弊者。畢竟會出來揭發的人都是身在弊案中才知道細節，如果這些人知道會因而失去工作，就不會挺身而出了，而被隱藏的貪汙案件也永遠無法水落石出。

就算有法律保護，我還是建議讀者們，在當吹哨者前，請三思而後行。一旦你的身分曝光，不管是公司同事或同行的人，都會對你「另眼相看」。這個社會很奇怪，正義的一方未必會被正義對待；在等待正義的過程中，所有的煎熬只能自己吞下去，壓力也只能自己一肩扛，誰都保護不了你。

要不要當吹哨者？值不值得？你有多大的把握可以扳倒一個邪惡體系？你是否非得挺身而出當檢舉人，才能解決弊案問題？還是有其他的管道既可保護自己又可達到揭弊目的？能不能轉而把資料交給真正為民喉舌的民意代表，由他們出面召開記者會公布真相，或提供證據給媒體爆料、揭發弊案？這是你的人生，由你決定。

4

搶功勞是小人的慣用手段，「以和為貴」只會讓你傷更重！

　　Sam 在一家頗負盛名的廣告公司工作，是業界的老鳥，他的專業技能是「出一張嘴」，十分能言善道，必殺絕技是「搶功」，搶得快又厚顏無恥；威廉在公司年資較淺，工作勤奮，個性溫和善良。這兩人有天被上司指派為同一小組，透過企畫案比稿的方式，爭取一個大客戶的專案合作。

　　認真的威廉透過電子郵件與即時通訊軟體，好幾次邀請 Sam 一起開腦力激盪會議，Sam 總是以「另

有要事」、「還有別的客戶專案要處理」為由，請威廉自己撰寫提案。好不容易，他終於等到 Sam 回覆「會準時出席會議」，卻又被臨時放鴿子。因此，表面上是兩人「合作」，三個月下來，只有威廉一人孤軍奮戰，獨自完成創意發想及提案撰寫的工作。

比稿前夕，總經理召集公司一級主管聽取這個小組的提案報告，Sam 跟威廉說：「這個提案是你寫的，就由你來報告吧！如果上司有疑問，我來擋，我來回答。」

當天，威廉把提案內容簡報給坐在臺下的總經理與一級主管聽，總經理聽完之後非常滿意地說：「提案寫得太好了！我有信心，我們會贏得這次比稿。」

威廉正要開口感謝總經理的稱讚時，Sam 突然站起身來說：「謝謝總經理！這個提案從創意發想到撰寫，我花了很多的時間跟心血。我很感謝在座

所有長官與總經理給予我的支持，也謝謝威廉這段時間的陪伴，我們常常一起加班到半夜，他也被我折磨得很慘。」

站在臺上的威廉頓時傻眼，整個人像是被雷劈到一般，腦子一片空白。此時，總經理開口了：「Sam 帶領威廉完成這個提案，給公司同仁樹立了一個好榜樣。資深專案經理不吝惜傳授自己的經驗給後進，這點大家要多跟 Sam 學習，這樣公司才能不斷成長。」

威廉表情僵硬地看著老闆的肯定跟 Sam 一臉滿足的笑容，他好想當場戳破 Sam 的謊言，卻又怕一旦脫口而出，會破壞會議室原本祥和愉悅的氣氛。

「以和為貴，先算了吧！」威廉心想。

「以和為貴」的威廉真的得到了「和」與「貴」嗎？事實是，他氣到內傷了好幾個月，每天上班看到

Sam 虛偽的嘴臉就想吐，此外他也盡量避免跟 Sam 有任何工作上的交集。之後，當公司如願比稿成功、贏得客戶專案後，Sam 竟然把這筆功勳洋洋灑灑地寫在光鮮亮麗的履歷表上，順利跳槽，薪水更是由此翻升了好幾倍。

威廉有苦難言，因為他沒辦法向業界證明，他才是這個提案創意發想與文案撰寫的原創者，而 Sam 則是剽竊他人智慧財產權的冒牌貨。

當威廉在會議室選擇沉默不語的那一刻，與其說是為了辦公室的「人和」，實際上是「害怕衝突」，他沒有勇氣當場和 Sam 翻臉。看到 Sam 剽竊了自己的心血，把功勞佔為己有，在職場上三級跳，威廉氣壞了，既沒得到「和」更沒得到「貴」的他，唯一能做的事就是不斷向身邊的朋友幹譙 Sam。

這項專案完成後，威廉也離職到另一家廣告公司上班。有了上回的教訓，他暗自發誓，一定要用更好的創意和提案打敗 Sam，扳回一城！而 Sam 也不是省油的燈，搶走了威廉的光環之後，他還以這個 case 為主題，寫了一本書，跟讀者分享「創意發想與品牌行銷」的祕訣。這本書不僅是各大專院校廣告系學生的必讀教科書，還讓 Sam 因此成了暢銷書作家，他到處演講，並且頻頻接受雜誌專訪，被媒體封為「創意行銷大師」。

威廉也不甘示弱，立志要成為廣告界的「創意一哥」。皇天不負苦心人，幾年後，他的廣告文案得到國際廣告大獎，並且把自己的工作經歷寫成書，書名叫做「品牌定位與創意行銷」，想要回敬那位寡廉鮮恥的前戰友。

我們在職場走跳，難免會遇到各式各樣的人，包括各種小人、惡人，他們為了搶功勞，不惜陷害下屬

或同事的手法，常常令人瞠目結舌。該怎麼應付這些大爛人呢？以下教你如何見招拆招。

「衝突」不可怕，怕的是你沒有據理力爭的勇氣！

在職場中，要如何避免上司、同事搶功勞？「以和為貴」真的能讓搶功一流的「Sam 們」懂得罷手嗎？

如果我是苦主威廉，我會在 Sam 屢次不來開會的時候，提早啟動防禦模式。

一個做事不負責的人，品格肯定有問題，跟這種人合作，要多點防備心、好好保護自己，創意更要加密。在工作上，記得保留雙方往來的電子郵件與相關通訊記錄。對付 Sam 這種人，他會「裝」，你就要

會「演」。當他沒來開會，你就發揮一下演技，在辦公室逢人就大聲問：「請問你有看到 Sam 嗎？他答應我要來開會，過了一個小時，我還是沒等到他，請問有誰看到 Sam ？」請盡量大聲嚷嚷，讓全辦公室的人都知道，Sam 沒有來開會。

可惜善良的威廉，只知道悶著頭完成手上的工作，沒有防人之心。假使威廉懂得防小人，當他聽到 Sam 厚顏無恥搶功勞的時候，就不會只顧著震驚，而忘了借力使力，絕地大反攻。**危機就是轉機，隨機應變很重要，當我們沉溺在情緒的時間太多，往往會降低了解決問題的能力。**

就算一開始沒做好這些防禦機制，當 Sam 站起來搶功時，威廉其實還是有反擊的機會。但是他自欺欺人地選擇了「以和為貴」，錯失反敗為勝的良機。

如果我是威廉，當 Sam 在眾人面前收割我的功勞時，我會語氣平和地舉手提問：「前輩，我以學習的心向您請教，這個創意的發想，是怎麼來的？您生活經驗的哪一個片段，生成了這個創意？可以跟我們分享一下嗎？」

比稿提案的核心就是創意發想，有了「創意」作主軸，才有接下來的執行步驟。創意的發想者，是怎麼生出這個創意的？只有真正的創意發想者，也就是創意的原創者才能回答這個問題。許多創意都跟個人的生活經驗有關，有其私密、獨特與獨有性，這樣單刀直入的提問方式可以戳破剽竊他人創意的小偷伎倆。

當真正的原創者用這樣的方式「請教」剽竊者，難堪的謊言終將不攻自破。就算 Sam 當場胡謅他是怎麼想到這個創意的，威廉仍然可以趁勢詳述自己生命片段中的哪一個經驗，觸發了這個創意，告訴

與會的長官們，「這個創意與提案撰寫都是我一人完成的。」

即時反映真實情況，會比事後找老闆說清楚真相，更有用。事後再澄清，有些老闆不免會質疑：既然是你的功勞，為什麼不趁著大家都在場的時刻說清楚，反而拖到事後才來抱怨呢？

威廉原本可以扭轉局勢，只是他太害怕衝突，而「衝突」其實是可以控制的。面對那些打順手牌、只想搶功不願付出的小人，請別再用「以和為貴」掩蓋自己害怕衝突的軟弱。成熟的人不怕衝突，因為你知道，你是可以掌控這一切的。

5

那一夜的荒唐：
別相信人性，你會失望的！

　　慶美跟小燕在同一天進公司，兩人年紀相當又十分談得來，很快地就成為好朋友。小燕結婚的時候，慶美是伴娘；慶美結婚後，兩對夫妻也互為好友，彼此的丈夫還結拜成為兄弟。

　　有天公司新來了一位吳姓總經理，女員工們給他取了個外號叫「費翔」。有八分之一荷蘭血統的吳總，長得人高馬大、外型出色，已婚的他已有一兒一女，還有讓人羨慕的工作，堪稱人生勝利組。

此時，慶美被董事長指派當吳總經理特助，「恭喜妳升職啊！」小燕由衷替閨密感到高興，儘管自己在業務部還只是個小小的專員。

　　慶美跟吳總經理因為工作的關係，變得形影不離，兩人出差在一起，中午用餐時間也在一塊，辦公室裡開始八卦流言四起，很多同事紛紛揣測兩人之間有不尋常的關係。

　　小燕很替慶美打抱不平，她對同事說：「慶美只是特助，她有自己的家庭，不是你們說的那種人。」但是，某天小燕加班到深夜，在公司停車場看到的那一幕，讓她不禁開始懷疑，她認識的慶美到底是哪種人？

　　在停車場昏暗光線下，先是看到吳總經理的賓士休旅車映入眼簾，車內隱約有個女性的背影，小燕定睛一看，是慶美，她身上穿著的那套 Burberry 格紋連

衣裙正是小燕送給她的生日禮物。

小燕小心翼翼地往前走了幾步，結果發現兩人打得火熱，正在車震中。

小燕嚇了一跳，火速離開停車場，決定明天再把車開回家。她在路邊隨手攔了一輛計程車，匆匆跳進車裡，心情變得忐忑不安。

那天之後，小燕很想問慶美，為什麼會跟吳總發展出不倫關係？「妳不怕毀了自己的家庭嗎？他是有婦之夫啊！」但是幾次話到了嘴邊，卻沒有勇氣說出口。她多希望那天是自己夜盲加上眼花，看錯人了。

後來小燕因為懷孕，孕吐得厲害，提出留職停薪在家休息，公司也核准了。就在小燕離開公司前兩周，公司爆發了一件股市內線交易案。當天晚上十一點，小燕接到慶美的電話，才知道慶美跟吳總涉及內

線交易，兩個人現在都在地檢署，慶美哭著請求小燕帶著保釋金把她保出來。

在下著雨的寒冬深夜裡，小燕忍著孕吐的不適，拿出好幾張提款卡到處領錢。她一路奔波，把自己所有的現金都拿出來，只為了趕緊把慶美保釋出來。

慶美說她的帳戶被凍結，一時領不出錢，小燕跟她說：「好朋友不急著還錢，等妳方便的時候再還給我就行了。」慶美抱著小燕，眼淚鼻涕齊發地痛哭：「謝謝妳，我會報答妳的，妳是我最好的朋友！」

幾個月後，小燕收到慶美的「報答」，是一張地檢署寄來的傳票。

慶美在出庭時說，當初因為聽到小燕說了一些和產品銷售有關的事，才決定買公司股票，「所有事情都跟吳總無關。」檢察官聽完慶美陳述，決定

傳喚小燕做證人。

收到傳票的當下，小燕愣住了！她打電話給慶美詢問是怎麼回事？慶美哭著說：「除了妳以外，我沒有其他辦法了，求妳幫幫我吧！」小燕頓時覺得晴天霹靂，有種被背叛的感覺，「妳為什麼要拖我下水？這件事跟我有什麼關係？為什麼要賴在我身上？」慶美一時心虛，不知如何回答，只在電話那頭假裝哭泣。

出庭一般順序是先問證人，問完後，證人可以跟檢察官申請先離開。可是那天開庭順序相反，小燕聽到了慶美跟吳總為何涉及內線交易的內容才恍然大悟，慶美已跟吳總事先商量好，把她拉下水，當作替死鬼。

小燕實在想不通，慶美為什麼要陷害她？

原來車震那天晚上，小燕目睹了閨密的活春宮秀，震驚之下，匆忙逃離停車場時，把手機掉落在現場。回到家後，她不斷撥打自己的行動電話，希望撿到的人能把手機還給她。深夜安靜的停車場，手機鈴聲不斷響著，當慶美整理好衣裳下車，發現是小燕打來的手機，隨即起了戒心。這對姦夫淫婦看著彼此，心想：「她該不會看到我們了？」

　　這起內線交易案，最後不了了之。吳總跟慶美仍然在公司出雙入對，繼續逍遙快活，而小燕申請的留職停薪假被公司取消了，吳總擺明了要整她。挺著大肚子工作的小燕，不堪其擾，識相地離職了。

　　每每想起這段往事，小燕不免心想，如果那天不要加班到那麼晚，或許就不會闖入那個人鬼試煉的交界點。小燕也用「真心換絕情」學到了人生中寶貴的教訓：人性的險惡，比鬼和蛇蠍更可怕！

被陷害，請面對它、處理它、利用它、再放下它

　　職場，只有對價利害關係，能彼此互惠，就有利用價值，很難交到真正知心的朋友。職場有時像是宮鬥劇，上班就是在演戲，每天工作八小時已經很累、夠假掰了，哪有氣力用真心去交朋友呢？

　　小燕把慶美當摯友，幫她抵擋外界的流言蜚語；看到慶美不倫，她選擇噤聲不張揚；當慶美需要錢時，小燕把僅有的家當都拿出來，全力營救。這番感天動地的真心，換來的卻是徹底的絕情。

　　不管是多麼要好的朋友，只要牽扯到「錢」，都請保持適當的距離。真正的朋友不會拿他的問題來為難你；成熟的人會自行解決問題，更不會把問題丟給他人處理。

小燕目睹車震活春宮的時候，沒有告訴其他同事，選擇守口如瓶，這是正確的做法。假如她很八卦，「我跟你講個祕密，你不能說出去喔！」肯定會死得更難看。

　　沒有到處張揚的小燕，最後因為手機遺落在停車場，引發慶美的戒心，在內線交易案爆發後，決定拖小燕下水。這是報復，要給小燕一個教訓和警告，誰叫她看見了不該看的祕密呢？！

　　如果我是小燕，當慶美與吳總經理對我展開報復時，我不會善良地奉行「面對它、接受它、處理它、放下它」原則，我會跟對方挑明了說：「別欺人太甚，我不會張揚你們的醜事，但是，你們再不放過我，把我逼急了，我一定跟媒體爆料！」

　　別以為公司會替你主持正義、還你公道，要善用媒體，替自己撐腰。你要當刺蝟，讓欺負你的人知

道，惹到你會付出什麼樣的代價。就算離職，也要拿出手中的祕密武器，得到一筆金錢補償。別說這樣做有失厚道，要知道：「善良」是職場裡最沒用的東西。當你被陷害的時候，請面對它、處理它、「利用」它，至少要拿到精神撫慰金、封口費，才能放下它。

沒有信任，就沒有出賣。所以在職場上，別相信任何人！當你不幸被最好的朋友出賣，不必原諒也不必感傷，被背叛，還談原諒，太矯情！沒捅死他們，已經是對他們最大的寬容。

有人說要感激那些傷害我們的人，因為他們讓我們成長。我很反對這句話，因為傷害就是傷害，害我們的人，目的就是要搞垮我們，而不是好心地要幫助我們成長。我們該感謝是當自己被陷害、感覺受傷的時候，那些陪伴我們度過低潮的人；我們也要感謝那個不放棄、有傲氣和骨氣的自己，讓「被朋友傷害」這件事，被賦予了正面意義。

6

我在冷宮的日子：
什麼都沒有的冷宮，
鳥事也能變好事！

在職場上，倘若能找到一個學習的榜樣，觀察他、模仿他，甚至跟著他學習，可以幫助你提升專業能力，以及精進與人應對的技巧。套句武俠小說的用語，跟著高手習武，會讓你功力大增。就算找不到好的學習榜樣，職場上那些爛人、壞人，也是另一種老師；看到他們怎麼害人，教會我們要保護自己別被弄死之外，更提醒自己，千萬別成為那樣的人。

我在電視臺工作時，看到有些職場前輩很樂意提

攜後進，有些則是害怕被取代，常常留一手。有的人見不得後生可畏，有機會就打壓、陷害後輩，確保後浪推不倒前浪，後浪最好變浪花，成為泡沫消失得無影無蹤。

我曾遇到一位直屬女上司，在工作中處處提防下屬，當下屬被她的上司誇獎時，就算下屬把榮耀歸於她領導有方，她依舊滿腹怨妒，把被嘉許的下屬列入驅逐名單。而這位女上司排擠有能力的下屬，最常使用的招數就是「發配冷宮」，閒死你！

有能力的人，喜歡做事，更喜歡做高難度和有挑戰性的事，一旦被發配邊疆，對他們而言，無疑是最大的酷刑。其他同事們看在眼裡，儘管心裡無限同情，但也不敢過於靠近當事人，避免被上司匡列為「同路人」，連帶成為代罪羔羊。

我被打入冷宮的時候，就算有工作分配給我，也

是小新聞，就是那種耗費時間採訪完，也不會播出的新聞。主管擺明了整我，我則不慌不亂地靜下心來低調工作。曾經有一個月的時間，她天天指派我採訪無用的新聞，我寫稿、過音、剪輯完畢，都沒有被排播。她常說：「Sally，妳去這個地方看看有什麼新聞點，說不定可以做成新聞。憑妳的能力，一定能把不是新聞的無聊事，抓出新聞點。」她都說是「無聊事」了，還叫我去採訪，這不是整人，是什麼？

我還記得九二一地震時，臺中縣（當時尚未縣市合併）的救災清理工作已完成，新聞重心都在南投縣，她卻叫我去臺中縣晃晃，看有沒有救災相關新聞，「反正妳閒著沒事，就去臺中縣吧！」我心想：我沒事還不是妳刻意造成的。

攝影記者無精打采地跟我到了臺中縣，他建議買杯飲料就可以原車返回辦公室，「她要妳出來晃晃，妳已經晃完了，就可以回去了，不要耽誤到我的時

間。她整的是妳，不要把我牽拖進來。」

　　我不死心，既然都出來採訪了，就去看看那些倒塌的大樓裡面，還有沒有可以追蹤的新聞線索。或許是上天垂憐我，在某個倒塌的大樓裡，有一隻被梁柱壓到、好幾天沒有吃喝的博美狗，發出悽慘的哀號聲，我跟攝影記者看到的時候，心想：新聞就在這裡！

　　我們打電話給一一九消防隊，消防隊員讓救難犬坐上雲梯車，跳到五樓，把博美狗叼出來。這幅狗救狗的驚險畫面被我們全程獨家拍攝下來，成了當天午間新聞的亮點。

　　我在冷宮待了兩年多，能夠突圍的方式，就是從不起眼的事件裡硬是找出新聞點；或趁著冷門時段，比方說半夜或凌晨，遇到突發重大新聞時，立刻趕去採訪。因為這種冷門時段，上司在家裡睡得正香甜，

沒時間限制我的行動。

　　有天凌晨三點多，傳來南投有家小木屋民宿發生火警的消息，裡面住的全是從臺北到此地畢業旅行的小學生們。我的攝影搭檔告訴我，已有數十人被燒死，叫我立刻趕往現場採訪。清晨六點我完成這個新聞報導後，打電話請上司派 SNG 車到南投，還有好幾個小學生被困在小木屋裡，生死未卜。

　　上司才剛睡醒，語氣慵懶地回我：「SNG 車壞掉了，妳自己想辦法！」我心急如焚地打電話給臺北採訪中心主任，請求調派 SNG 車支援。主任說：「中部車已經修好了，怎麼又壞了？」

　　早上八點，上司化完妝、弄好造型後，坐著 SNG 車到了火警現場，一下車就跟我說：「妳可以回去休息了，現在換我連線採訪新聞。」

將近四十幾名小學生活活被燒死，是當天全臺關注的頭條新聞，當這則重大新聞發生時，我人就在現場，反而被主管排擠到一邊涼快去。面對這種奇恥大辱，對第一線的採訪記者而言，實在是不能忍也不必忍。

　　我打電話給臺北採訪主任，堅持由我連線及採訪，「新聞事件的始末，我比主管清楚；我在採訪的時候，她還在睡覺呢！憑什麼到了關鍵時刻，是她向全國觀眾做報導，而我卻被晾在一旁！」採訪主任很認同我的說法，打電話給主管，請她「回辦公室坐鎮就好，現場就交給 Sally 吧！」

　　本來就水火不容的我們，因為這起新聞事件，梁子結得更大了，待在冷宮已久的我感受到一陣寒風吹來，覺得又更冷了。

保持學習心，冷宮突圍，再戰江湖！

在職場上有一種不成文的懲罰，就是被上司發配到冷宮，他既不辭退你，也不重用你；為了整你，他每天耗費心思弄些鳥事給你做；同事們都明白你的處境，但是為了自保，只敢私下關心送暖。

「冷霸凌」是這類上司最常使的手段，最常出現的場景如下：接近中午時間，行政人員開始幫全辦公室同事訂便當，放心！肯定獨漏你；主管召集全體同仁開會時，不會主動通知你；部門員工相約一起出遊，同樣地，他們不會告訴你。你會充分感受到自己是隻孤鳥，而且是每天做著一堆鳥事的孤鳥。

身處在冷宮，滿腹委屈是必然的，我曾經祝願那位把我打入冷宮的上司早日成為安靜的死鬼，能離我多遠是多遠。那段時間，上班後大概一、兩個小時

內，我就能把上司交代的事情，全部處理完畢。接下來的每分每秒，真的很難熬。我不能把書拿出來看，她會向上級舉發我在上班時間看閒書（儘管我看的是跟工作相關的工具書）；也不能出去走走，透透氣。日復一日被綁死在辦公室裡，整天無所事事，對於志在新聞戰場上衝鋒陷陣的記者來說，真的會要人命。

在冷宮的日子充滿了怨念，但有一天我開始思索，總不能讓自己就這樣消磨了心志，而如何運用時間，就是關鍵所在。

後來我想到，何不跟攝影記者請教怎麼剪接影片、還有基本的拍攝技巧？之後，只要在辦公室碰到攝影記者沒有外出採訪，我都會主動上前拜託他們，能不能給我半個小時或一小時的時間，教我剪接及攝影。人的天性都是好為人師的，尤其在自己的專業領域裡，一旦被認同，打開了話匣子，往往就會滔滔不絕地分享起過往的心得。在談笑風生的瞬間，他們

似乎忘了我是被排擠在冷宮之人，教我可能會被「帶衰」。就這樣，我從攝影大哥身上學會了剪接與基本拍攝技術，哪天想發展影音自媒體的時候，這些技能就可以派上用場。

除了虛心向人請教學習之外，我還利用這段時間練習寫作。上班敲打電腦鍵盤很正常，上司不知道我在創作自己的文章，那段日子我天天寫，逐漸磨練出文筆，對後來經營粉專、進而出書的我來說很有幫助。

在漫漫職場生涯裡，每個人都難免會經歷起起落落的時刻，越是在低潮的時候，心越要靜。但是，在還沒有找到後路之前，千萬不要意氣用事地說，老子或老娘不爽，不幹了！逞一時之快，只會讓自己陷入不知下份工作何時有著落的苦悶待業期。當你真的很不爽的時候，就試著暗自投遞履歷或找人幫忙牽線介紹新的工作，一方面可以藉此看清楚自己的市場價值，另一方面也可了解現在就業市場的需求與變化。

如果你很努力嘗試找尋新的工作，結果卻不如人願，就先暫時吞忍下來吧！

珍惜在冷宮的日子，因為冷宮裡什麼都沒有，唯一有的就是安靜與時間。在冷宮的這段日子，利用時間增強自己的專業能力，把不會的技能學到會，或好好研究公司過往的成功範例，這些都可能會成為你未來的養分。

被迫住在冷宮的你，不必刻意奉承上司，也無須多言解釋，你們的關係不會因為你遞出橄欖枝而冰釋，因為他的最終目的就是希望你識相地自己遞出辭呈。你可以選擇抱怨、詛咒上司，甚至擺爛、自暴自棄，但是隨著時間流逝，你再也無力抗拒；你也可以選擇不要坐以待斃，竭盡所能地突圍而出。

在冷宮裡沒有人際關係的干擾，最適合練功，等有一天你變強大了，冷宮就再也關不住你了。

7

在職場中，
唯一不變的就是變

　　萬鈞不到三十歲，因為一次採訪表現特別傑出，深獲臺北總公司老闆的賞識，破格提拔他擔任地方新聞中心的最高主管。別人看萬鈞充滿幸運，巧遇貴人伯樂，跟他共事過的人與同業都知道，在工作上他可是個拚命三郎，加班是他的日常，辦公室的沙發就是他的床。

　　年紀輕輕就坐上高位，帶領一群比他年紀大的記者很不容易，一些頑固的老屁股仗著自己的年資久，

擺明了不甩他，所以萬鈞做得很辛苦。但他相信，只要自己帶頭向前衝，總有一天能讓這些不服氣的人認同他的實力。

提起萬鈞在新聞現場最為人稱道的那次表現，套句霹靂布袋戲的臺詞，真的是「轟動武林、驚動萬教」。

許多年前，警方破獲了一個瘖啞人士犯罪集團，這是全臺第一樁黑道利用、脅迫瘖啞人士犯罪的案件，警局裡擠滿了口不能言、耳不能聽的青少年。現場人很多卻十分安靜，直到各家媒體記者衝進警局，才冒出了人聲沸騰的嘈雜聲。「他們為什麼犯案？你知道是誰在幕後操控他們嗎？他們的家人呢？」……記者不斷提問，警方始終保持沉默，因為他們還在等待手語老師抵達現場，協助問案。

在手語老師還沒來之前，有個記者率先用手語跟這群聾啞青少年溝通，他們看到有人會手語，紛紛比手畫腳起來，好像滿腹的冤屈一下子有了宣洩的出口。

萬鈞把手語溝通的內容，第一時間連線報導出去，其他臺的記者們只能在一旁努力記筆記，等萬鈞連線完畢之後，再把他剛剛講的內容，在螢光幕前複述一遍。

這是全臺矚目的社會新聞，萬鈞的連線報導一路領先其他新聞臺，連警方都在一旁聽著萬鈞的報導做筆錄。萬鈞就此一炮而紅，新聞總監看著電視新聞，開始叨唸臺北辦公室的記者們：「你們看看萬鈞，一個地方記者會手語，打趴所有人，你們會什麼？不要以為在臺北總部就比地方記者高級，都給我學著點！」大家面面相覷，心想：「萬鈞爸媽都是瘖啞人士，難道我們父母會說會聽，有錯嗎？」

萬鈞是獨子，由於父母的情況特殊，讓他從小就嘗盡社會冷暖，從很小的時候就學會要察言觀色。他的成長過程，一路走來，非常不容易。

在困境中長大的孩子，韌性特別強、自尊心也強。萬鈞一人扛起照顧父母、撐起一個家的責任，他是父母的依靠，所有苦都自己往肚子裡吞，絕不讓父母操心。

萬鈞被老闆拔擢成了地方新聞中心的最高領導。對外，他要面對競爭激烈的新聞戰；對內，則必須承受資深記者的種種刁難。適當的壓力會讓人成長，但一旦超過負荷，往往會在無形之中侵蝕原本就脆弱的心靈。

萬鈞極度自律，過度要求完美的人格特質，還有「絕對不能讓人看笑話」、努力硬撐的堅強，都讓他活得很辛苦。而壓垮他的最後一根稻草，是公司突然

易主，新買家指派自己人擔任董事長，所有一級主管全部換人，臺北權力改組完畢之後，接著就輪到地方中心了。

職場上遇到改朝換代，就是一朝天子一朝臣，這跟你有沒有能力、做得好不好無關，而是跟新的領導班底是不是自己人有關。萬鈞面對了被逼退的命運，新的領導頭子希望他自請離職，但萬鈞不肯，「要我走可以，請告訴我哪裡做不好？」

誰都說不出萬鈞哪裡做不好，他堅守崗位繼續努力工作，新老闆面對這樣的硬骨頭，只能選擇資遣他。

始終相信努力就會有收穫，辦公室高掛「天道酬勤」四個字的萬鈞，失業了。長期爆肝工作所累積的壓力，加上被資遣的不甘心，以及隨之而來的經濟壓力，讓萬鈞罹患了憂鬱症。他常常喃喃自語

著：「我沒有錯，我很努力，也很拚命，為什麼公司要拋棄我？」

　　新聞圈很現實，雪中送炭的人少，落井下石、等著看好戲的人多。地方記者之間開始盛傳：「萬鈞有病！」的消息。

　　萬鈞想找下一份工作卻四處碰壁，因為雇主聽到他有病的傳聞後總是打退堂鼓。有一次我的老東家長官問我：「妳認識萬鈞嗎？他來應徵我們臺的記者。」我說：「萬鈞非常優秀，有絕對的能力可以帶領團隊，只當記者，太可惜了。」沒想到對方說：「地方記者盛傳他有精神病，我有點擔心他能不能做好這份工作？」

　　聽到「精神病」三個字，同樣有憂鬱症病史的我說：「這個社會每個人都有病，只是假裝得好不好而已。你知道我也有病嗎？」

一旦被冠上「精神病」三個字，似乎過去所有的工作成果都瞬間蒸發了，殺人於無形的流言，輕易地就把這個熱情又有才華的青年逼到了絕境。

最後是教會接住了走投無路的萬鈞，他在教會工作，薪水雖然不多，但至少有份收入。在這裡，他不只是正常人，還是上帝眼中最寶貝的孩子。

「被資遣」跟能力無關，別替自己貼上負面標籤

在職場中，一旦企業被併購、公司易主或換人接班時，都會在公司內部進行權力大改造。所以，只要換了新的領導人，原先的主管就必須做好被撤換的心理準備。

倘若被撤換了，先不要懷疑自己的能力，這跟

你的工作能力表現無關。在這場權力角力的遊戲裡，你不是新領導班子的「自己人」，而你剛好佔了這個位子，就必須騰出空位，好讓他們安插自己的人馬進駐。

前朝人馬再有能力、再優秀，新任老闆更在意的是：你是不是他的人？不是自己人的話，再能幹也沒用。新任老闆頂多在青黃不接的時候，暫時「利用」你來安定一下局面，等他的人馬找齊了，能完全掌控大局時，就是你出局的時刻。

資方逼退員工的手法，大致有下列幾招：

有主管職的人，就先拔掉你的主管職或是降級；接著伴隨而來的就是減薪。你若對這樣的安排不滿提出抗議，資方會回你一句：「不爽，就自己走路！」非主管職的員工，若資方存心要逼退你，有的會沒事找碴，不管你工作做得再好，資方都能從雞蛋裡挑骨

頭。有的公司還會明白告訴員工，公司不需要你了，但不會資遣你，希望你知所進退。

　　有些慣老闆，只因不是「自己人」就逼退那些平日辛勤工作的員工，使盡各種招數折磨，希望員工受不了，自行離職，就能省下一筆資遣費。你不必讓這些惡人稱心如意，可以訴諸法律，就是不能讓惡人好過。當公司逼退你的時候，可以請勞工局介入協調，拿出證據證明你不是失職的員工，盡其所能地保住工作。就算保不住，也要讓資方依規定付出資遣費。當你抵擋不住公司的強勢逼迫，請務必堅持「被資遣」，一定要拿到「資遣證明」，千萬不要自請離職。假使資方強硬到就是不給資遣費，你平時就要確實做好工作日誌，保存一切可以證明自己在工作上有所貢獻的證據（例如：歷年的考績證明、專案結案報告……等）。所以，上班時間不要當薪水小偷，務必留下好名聲給人探聽。

拿到資遣證明後，才能跟政府申請失業給付，如果提早找到工作，政府還會發獎勵金給你。失業給付是我們勞工納稅人繳納的保費，善用這筆費用，是天經地義的事。不要擔心拿了資遣證明與領到失業給付，名聲會受損，影響下一份工作的就業機會。新冠肺炎疫情過後，很多公司財務出現危機，資遣員工成了常態。面對被資遣的結果，不必汙名化自己、不要覺得丟臉，更不要感到自責。

　　職場無情，老闆不是你的家人，千萬別把自己的命運交託在老闆手上，更別寄望公司會養你一輩子。儘管你沒犯錯，工作常常達標，既有功勞也有苦勞，但還是沒辦法保障你能一份工作做到底、安穩無虞地待到退休。因此，請提早找出自己職涯的第二曲線，創造本業以外的收入。它可以是你想要發展的斜槓事業，也可以是你投資理財產生的被動收入。有了第二份收入就擁有了自己專屬的救生艇，當職場發生不可預期的變化時，你可以自救，

而不用害怕突然斷糧斷炊。

　　總之，不要因為被資遣就覺得自己的工作能力被否定。有時被資遣，不是你不好，而是經濟不景氣造成的；有時則是因為能力太好，年薪太高，老闆經營不善，再也付不出高薪了。在快速變動的時代裡，隨著科技更新升級，商業平臺不斷轉移，很多產業都會消失。資遣，將成為職場常態。你要學習的不是為了「被資遣」而難過憂傷，而是要了解被資遣後，你該爭取的權益。

8

你有公主命嗎？：
職場上沒有你要的公平

　　職場上，沒有男女之別，只有強弱之分。弱的人，才要求「公平」；強大的人，要的是「特權」。

　　我在某家新聞臺工作期間，有位上市公司大老闆的女兒在我服務的國際新聞中心擔任編譯。每位編譯按照公司規定，必須排班輪值早晚班。晚班是因應美國股市開盤，提供收播新聞（凌晨零點至一點）最新財經動態；早班則是清晨五點上班，整理路透社、美聯社與 CNN 重點新聞，提供給晨間新聞（凌晨六點

開播）最新的國際新聞報導。

有天，某位編譯寫了一封陳情信給我，抗議國際新聞中心主任排班不公，希望我以新聞部最高主管的身分主持公道。信中寫著，每位編譯都得輪流值早、晚班，為什麼上市公司的公主不必值班？「新聞人以捍衛社會公平正義為使命、目標，為何公司縱容這種不公平的事情存在？」

公主享有特權，是全公司都知道的事，大家都知道她爹是誰，也知道她為什麼不必輪值班的原因。看到這封義憤填膺的抗議信，我找了這位編譯當面說清楚、講明白。「全公司上下都知道公主的爹親自找董事長說了，他女兒單純想來看看我們這群社畜是怎麼工作的，人家不缺錢，也沒想在這裡久留。公主的爹擔心公主上晚班、太晚回家會被歹徒綁票；太早來上班會被壞人跟蹤，於是董事長同意，公主不必跟其他員工一樣輪值班，懂了嗎？」

這位編譯不滿意我的解釋，他堅持大家必須公平地輪值早晚班，「公司怎麼淪落到跟有錢人低頭的地步，別忘了，我們可是新聞人啊！」我回他：「別忘了，老闆可是生意人啊！」

　　這位堅決捍衛公平的編譯，隔天遞出了辭呈，辭職理由寫著：不滿公司輪值班排班不公！我完全同意他陳述的事實，這的確不公平，擺明了有錢人的子女享有特權。但，你能怎樣？

　　公主打破公司慣例的事，不只這一樁。她想當主播，公司安排一對一的特別訓練，沒多久，她就坐上主播臺了。她播報新聞的時候，整節新聞廣告時段，都是她家的產品電視廣告。沒錯，寵愛她的爹撒了新臺幣 800 多萬，買下廣告時段，只要公主播新聞，廣告時段絕對滿檔。 說真的，換成我是電視臺老闆，我也很樂意讓公主當新聞主播，而且播越多次越好。

按規定，公司停車場只有主管級的人有車位；公主是「一般」員工，她卻有個人車位，而且是固定車位。她常常換車（怕被歹徒盯上遭到綁架），怎麼換都是百萬名車。

　　此外，公主還享有學生才有的放寒暑假待遇，「我女兒暑假及聖誕節必須回美國的家，跟爺爺奶奶團聚。」公主的爹跟電視臺董事長這麼叮嚀，董事長就直接吩咐我，寒暑假不能給公主安排工作。

　　面對這樣的特權待遇，我識相地默默接受，不會白目到跟公司抗議，更不會拿這種事情氣死自己，或是憤而離職，這是跟自己過不去。公主享受她的特權，我按時拿到薪水就好了。那位堅持職場必須公平的編譯，待業很久還是找不到工作，最後考上研究所，重回校園念書去了。

　　在職場中，除了有錢有權人的子女享有特權外，

某些人靠著逢迎拍馬，一樣可以獲得特權，在公司橫行無阻。

　　某位集團總裁，他的事業體遍布全球，旗下有上萬名員工。他很相信命理風水，集團副總級以上的人，要升遷之前，都必須配合總裁的八字五行，進行改名才行。集團有位掛名「高級顧問」的專屬命理師，有次總裁要拔擢員工擔任副總，就先把候選人名單及每個人的生辰八字交給這位高級顧問審核。

　　總裁命中缺「木」，命理師把升遷名單中也缺「木」的人選，先刪除掉。最後剩下兩位候選人，一位姓「林」，有兩個木；一位姓「馬」，名字中雖然沒有木，但是命格帶「木」，因此雀屏中選。其他人不管之前對集團有什麼豐功偉業的貢獻，只要八字缺「木」，就注定和副總的位子無緣了。

　　總裁很欣賞姓馬的經理，他的工作表現比林姓

經理傑出。總裁找了馬經理面談，希望他改名，「取一個有木字邊的名字，這樣你升副總，可以補強我的不足，集團業績就能蒸蒸日上。」總裁舉例，像是「森」、「杉」、「傑」、「桓」……等名字都有木，聽起來很不錯。

聽到總裁要求改名的「建議」，馬經理心知肚明，這是「命令」，不改就升不了官；改了，就能飛黃騰達，官運和財運一飛沖天。

林經理聽聞競爭對手可能改名，也深知篤信命理風水的總裁，尤其在意缺「木」這件事。他向來懂得逢迎拍馬，不出手則已，一出手，就是萬人興嘆、望塵莫及。

馬經理很快把名字改了，原本叫「正勤」的他，改名「正杉」。他拿著新出爐的身分證正要跟總裁報告的時候，林經理喜孜孜地向大家宣布，從今天起，

他不叫林志豪，已經改名了，請叫他「林森森」。名字裡總共八個「木」，夠強了吧！

副總人事令公告的那天，「森森」副總請全公司的員工吃披薩喝飲料。正杉經理落寞地坐在辦公室裡，吃著家人替他做的便當。

「還好森森副總姓林，要是姓殷（陰），就慘了。」這起改名事件，成了全辦公室員工茶餘飯後的笑談。

林森森擔任副總後，外面的廠商紛紛對他獻殷勤，三天兩頭地往他辦公室送禮；原本押寶在馬經理身上的人，識相地見風轉舵。看在他眼裡，人情冷暖怎一個「幹」字了得！

這場副總之爭，林森森知道總裁原本屬意的是馬正杉，儘管他贏了這一局，心裡早把馬經理當成頭號

對手，必須除掉才能安心。

　　林森森當上副總後，享有各種優渥禮遇。私人專屬的座車和司機，還有六位特助幫忙他處理公私事。當總裁出國考察的時候，他仗著辦公室他最大，常常遲到早退不說，還把外頭的「小三們」，安插進公司擔任他的祕書。「性」致一來，把辦公桌當飯店的床，甚至玩起了 3P，辦公室門後經常傳出狂野放肆的呻吟聲，聽到的員工沒有一個敢張揚。

　　馬經理幾次委婉地暗示總裁，林副總疑似行為不檢，可能會傷害到公司名譽。總裁雖然欣賞馬經理的工作能力，但這段期間，林副總早就把總裁伺候得服服貼貼的，林副總一說話，總是有辦法把原本愁眉不展、表情嚴肅的總裁逗得笑逐顏開。

　　當然，馬經理「提醒」總裁的事，很快傳到了林副總耳裡，更加速了他想要拔除馬經理的決心。

總裁不但沒有疏遠林副總，兩人反而成了麻吉，常常一起品紅酒、抽雪茄。馬經理不爽總裁被私德敗壞的馬屁精給帶壞、蒙蔽，一心「為了公司好」的他，一氣之下，竟然放棄再過一年就可以領到的退休金，辭職裸退，想要藉此彰顯自己的正氣凜然，凸顯公司的腐敗。

逆襲者的
求生筆記

弱者要公平，強者享特權

　　在職場與人生中，我承認我很在意自己的權益。越是在乎的事，尤其關乎「出人頭地」這件事，同義詞就是「名與利」，誰用不正當的手段擋了我的路，我肯定跟他沒完沒了。除了在乎權益外，我對「有恩報恩、有仇報仇」，始終情義相挺。

　　陳述完以上立場，我得「俗辣」地加上一句，

在行動之前，我還是會弄清楚情況；直白地說，我會考量是否有戰勝現實的勝算，然後決定是及時、暫緩或取消行動。沒錯，看清現實後，有時我會跟現實低頭，告訴自己「算了」！

那位編譯公主雖然跟我們一般員工一樣，有員工編號、享有勞健保，但她就不是「一般」員工。誰說有勞保的人，就一定就是勞工？

與其說她是員工，不如說她是公司的客戶，而且是貢獻度很大的金雞母。跟這樣的特權人士計較公平，想跟她平起平坐，要她跟你輪值班，真的是太傻、太天真了！

公司是營利事業機構，老闆眼中只有「獲利」，開公司的目的是為了賺錢；老闆不是法官，經營一家公司絕對不是為了實踐人間正義。

你要的「公平」，從某個角度看，正是你所缺乏的、嫉妒別人有的東西。你要的公平，對老闆而言，是小到不能再小的事，因為他眼中只有金錢利益與自己的慾望，沒有公義。

馬經理跟堅持公平的編譯很像，他們以「正義為名」、「為公司好」的姿態征戰，希望獲得想要的公平。當他們憤而以離職「死諫」，老闆並沒有慰留。

別跟自己的薪水過不去，尤其像馬經理，再忍耐一年就能拿到退休金了，何苦跟錢過不去呢？當你離職後會發現，到哪裡都有特權者與馬屁精。而促使你憤而離職的人們，在你走後，日子過得更逍遙自在。

我從來都不百分百相信「惡有惡報」這件事，因為太多職場惡人都過得挺好的。我們為了撫平自己的不甘，會再加上一句「不是不報，時候未到」，但殘酷的是，我們等到天荒地老，成了槁木死灰，他們依

舊吃香喝辣，繼續橫行霸道下去。

　　所以，別把眼光聚焦在「公平」，這不是操之在我，而是受制於人的事。你想要的公平是由老闆決定要不要施捨給你的，與其寄望他人的給予，不如自立自強，把自己磨練得更強大。當你成為這行業的翹楚，同業自然會捧著高薪來挖角你。當你變強了，你就有權力選擇老闆，此時你得到的不只是你想要的公平，而是特權！

　　祝福正在職場拚搏的你，**別再在乎「公平」這件事，那是弱者才需要的東西，你要讓老闆心甘情願地給你「特權」！**

9

職場霸凌受害者，除了離職，還有其他的選擇嗎？

　　經營粉絲專頁後，許多網友會私訊和我分享職場心得，「職場上被霸凌，除了離職，我們還有沒有其他的選擇？」「如果霸凌不僅來自上司，他還結合外力一起欺負你，該怎麼辦？」是常見的問題。

　　在那個以男性為主的產業裡，她被媒體稱為「XX女王」，顯見她的專業和能耐。身為「人生勝利組」的她，有亮眼的學歷、在明星產業工作的資歷，以及身價不凡的夫家。這個人人稱羨的貴婦，帶著一紙要

求簽署保密條款的一百萬元合約書，來到小惠工作的公關公司。

公關公司接下了這個案子，由自我介紹詞總是以「找我服務，萬事祥和順利」開場的專案經理萬祥順，負責這位客戶。

「XX 女王」有個好動的兒子，這顆「幸運的精子」誕生在父母都是坐擁高薪的名人家庭，女王事業成功之際，結束大齡單身生活，婚後首要任務，就是趕在停經之前，生個孩子。這個男孩在父母殷切的期盼中誕生，因為是獨生子，特別受到寵溺。

「我兒子確實調皮兼過動，他在薇閣念了一年，學校請我們轉學，換了康橋也一樣。要不是被這兩所學校拒絕，以我們的財力跟背景，根本不需要讓孩子念現在這所小學，跟普通家庭的孩子當同學。」

女王的話很直白，在她眼裡，擁有上流社會血統的兒子，淪落念普通小學，是一種委屈。

　　更讓她委屈的是，年紀輕輕的班導師，把其他同學及同學家長們的共同簽名連署書寄給她，內容是，她兒子不僅上課時屢次打斷老師授課，還有挑釁同學、打人的情況，經過多次勸導無效，依舊我行我素。老師想找女王商討一下解決之道，女王總以工作繁忙為由，拒絕和她溝通。女王兒子的同學及家長們認為，這已經嚴重影響到其他人的上課權益，希望女王能讓孩子轉學。

　　萬事祥和順利的專案經理問她：「這事不難解決，妳就跟老師及家長共同開個會，誠摯的道歉，會回家好好管教妳兒子，何必找公關公司出面解決呢？」

　　世間事若是如此簡單，早就萬事祥和順利了。

「我為什麼要跟這些凡夫俗子低頭道歉？老師是個什麼東西？寄連署書給我之前，也該看看自己是什麼身分，在跟什麼人說話！他們憑什麼聯合起來排擠我兒子，這就是霸凌！」女王真的把自己當成女王，她決定跟班導師好好開個會，由公關公司負責安排這次會議的事前準備。

小惠及萬經理以「代理女王處理事務」的公關公司名義，發出了開會通知給班導師及校長。另外，他們還找了被女王欽點的議員，陪同女王一起出席這次會議。

在會議之前，校長及議員都知道此次會議的主要目的，並提供匯款帳號給公關公司。公關公司代替女王，分別把 10 萬元及 20 萬元，匯入了兩人的戶頭。

不知情的年輕班導師以為男孩家長終於願意出面溝通，解決問題，滿心歡喜地前往會議地點。但她

踏入校長室的時候，立刻被眼前的陣仗給嚇到了！一個協調處理小學生脫序行為的會議，怎麼會勞動到議員及公關公司出面呢？更讓她驚覺不太對勁的是，她一走進校長室，就被要求交出行動電話，嚴禁錄音和錄影。

這位不滿三十歲的年輕女老師，聽從校長的要求，交出了手機。涉世未深的她在乖乖聽命交出手機的那一刻起，其實就注定了全面棄械投降的結局。

萬祥順跟小惠都知道這次專案的目的，是達成合約書上寫的「讓XXX老師，當面向XXX（女王兒子）道歉。道歉後，由校長到班上跟全體同學宣布，XXX不會轉班也不會轉學，請大家停止排擠和霸凌他。」

這是小惠第一次看到女王的兒子，他坐在校長替他準備好的椅子上。小小年紀的他翹著二郎腿，冷眼瞄了小惠跟萬祥順一眼，他遺傳了女王看誰都瞧不起

的鄙夷神情，這是親生的，無誤！

老師跟校長都站在一旁，聽女王坐著訓話。當女王指控老師聯合學生及其他家長霸凌她兒子，集體排擠的壓力造成她兒子精神受創，她要求老師當面跟她兒子道歉時，年輕老師被女王的氣勢震懾到，顯得有點手足無措，低頭望向校長。拿人錢手短的校長，撇撇嘴角示意，要老師向女王道歉。老師遲疑了，這一遲疑，就引爆了接下來的衝突。

「不肯道歉是不是？那就下跪吧！給妳臉不要臉，我的時間，一分鐘上萬元，沒時間跟妳耗，不跪就是妳辭職吧！」女王從座位上起身，校長趕緊壓著女老師的身體讓她跪下，男孩看了，忍不住放肆地笑了。

那一刻，小惠看到萬祥順已閉起雙眼，像是害怕看恐怖片的孩子，以為閉上眼就什麼都看不見。那

位形象完美、幾乎「零負評」的議員，嘴角露出一抹微笑，「好了，好了，事情就這樣解決了。沒事、沒事，老師回去上課吧！」小惠到現在還是忘不了「零負評」議員說這句話時的嘴臉。

從那天起，女王的兒子繼續在學校張狂，被逼著下跪的班導師，遞出辭呈後離職了。負責這個專案的萬祥順從這個過程中證明了一件事：公關工作是高工時、低尊嚴的行業。他在結束這個專案、客戶驗收全額付費後，也離開了公關公司。那位標榜著為民喉舌、操守第一的「零負評」議員，隔年參選連任成功。

女王依舊在業界綻放光芒，時不時地上媒體，講述她如何打造成功的人生哲學，「賣產品跟做人一樣，要懂得換位思考，替用戶著想。」小惠看著在電視上侃侃而談的女王，想起了校長室裡的那一幕，深深感受到，這是一個沒有神的所在。

逆襲者的
求生筆記

名人比你更怕事，遇到惡勢力，你有權力捍衛自己

在工作中，身為上班族，「受氣」是必然，「忍耐」是必須。有時我們確實得跟自己瞧不起的人低頭，但，這不代表你沒有底線；堅持捍衛自己的底線，是讓人不敢任意踐踏你的關鍵。

「服從權力」是我們傳統教育的核心。從小到大，聽老師的話、聽父母的話，到出了社會聽老闆的話、聽長官及客戶的話……服從比自己位階、權力高的人物，是整個教育體系告訴我們「理所當然」的事。所以，我們不被鼓勵去挑戰權威，反問一句：「為什麼？」

我發現很多年輕人在學校被教導得有多乖順，出了社會就會有多崩潰。

不管是言語或肢體的職場霸凌，都是濫權之下的產物。

在這起公關事件中，當女老師進入校長室，看到這麼大的陣仗，察覺到事情不是單純的「處理小學生脫序行為協調會」，其實就該步步為營。

假如我是女老師，被要求交出手機的那一刻，我會問：「為什麼要交出手機？」不管校長用什麼理由解釋，我都會回他，我聽不出有任何迫切的理由「必須」交出手機。被強迫交出手機，可以立即報警，這屬於強制罪、現行犯！

另外，當你幫公司處理事情，尤其是解決內部紛爭的時候，千萬不要公親變事主。在工作場合中，中階主管常會被高階主管要求，去警告某位員工的工作態度或資遣某位員工。此時，你的遣詞用字必須以「公司」為主體，切記，不要用「我」當主詞。這不

是「你跟某位員工」之間的事，而是你代表公司，處理「公司跟員工」的事。

以這起事件為例，老師代表班上其他同學及家長們，處理女王兒子行為脫序事件，也是代表學校，維護全體學生的受教權。雖然校長不可靠，老師還是可以盤點一下自己背後有多少可用的資源；當面對猛獸來襲，你必須讓對方知道，你也不是省油的燈。

如果我是老師，我會高舉「受全體學生及家長」之託的大旗，告知校長及女王，協調會後，學校（不要用「我」）必須告知學生及家長們會議結論，為了不扭曲或誤解會議中雙方的對話內容，建議採取錄音的方式，避免女王兒子再次受到爭議。

以「團體」（學校）為主詞，女王就會明白，她面對的不是一個孤單無援的年輕老師。再以她最關切的利益，也就是保護她兒子不再受爭議，找到雙方都

能接受的談判交集，多少能 hold 住一點場面。

面對職場霸凌，請不要息事寧人，也不要寄望在公司體制內尋求正義，而最迅速有效的做法是跟媒體爆料。找媒體爆料，不但可以匿名保護自己，也比打官司更省錢、省時。名人可以花錢找大律師跟你耗時間，但記者出身的我強烈建議，遇到不公不義的事，先跟媒體爆料。媒體追蹤調查花的時間，絕對比打官司快很多。媒體爆料，首重「有圖有真相」，這起事件因為嚴禁錄音錄影，沒辦法提供影音證據。就算沒有照片證據，只要當事人具體說明人、事、地、時、物，媒體一樣會接受爆料，並且展開後續的追蹤調查。

比起打官司，名人與企業更懼怕媒體的力量。他們戴著假面具在社會上行走久了，一旦以真面目示人，那可是比叫女明星素顏上鏡頭，殘忍千萬倍。

名人或企業也許可以用金錢賄賂媒體，或者以抽掉廣告的方式，脅迫媒體不得刊登對自己不利的新聞，這些情況確實存在。但並非所有媒體都吃這一套，尤其現在臺灣媒體那麼多、獨家新聞競爭如此激烈，不妨好好利用這個「媒體亂象」吧！

　　若真的氣不過，就雙管齊下，一方面跟媒體爆料，讓霸凌者身敗名裂；再加碼提告，讓霸凌者付出慘痛的代價。總之，「離職」不該是被霸凌者唯一的選項，你有權力捍衛自己的權益與尊嚴！先替自己出一口氣，總比內傷多年後，才獲得遲來的正義好吧？更何況很多時候，這世上根本沒有正義。

10

傷人的言語冷暴力：
你不廢，
被傷害不是你的錯

　　宜婷是我的忠實讀者，從我一開始成立「莎莉夫人的工作生活札記」粉絲專頁的時候，她就因朋友推薦追蹤了我，並且跟我分享她的心事。

　　宜婷因為一場意外的車禍，失去了一條腿，但她沒有因此灰心喪志，反而更積極地找工作，不想成為家人的負擔。「就算只有一條腿，我相信我還是可以養活自己。」她說。

有家私人企業聘僱了宜婷，讓她擔任行政助理。儘管薪資只有 2 萬 6 千元，待業很久的宜婷非常珍惜這份得來不易的工作機會。面試的時候老闆就直接挑明了說，會僱用宜婷是根據「身心障礙者權益保障法」與「身心障礙者定額進用制度」的規定，也就是公司總人數超過 67 人以上，聘用的身心障礙者人數，不得低於員工總數的 1%，且不得少於一人。簡單說，老闆會給宜婷這個工作機會完全是看在政府的政策。

　　「其實面試的時候，我就感覺到老闆對我講話的態度很不友善。」宜婷告訴我，面試時，老闆一直盯著她的斷腿，建議她以後上班時最好用條毯子把它遮起來，「少了一條腿，怎麼看都很恐怖。」老闆這樣對宜婷說。

　　宜婷努力適應新的工作環境，她總是提早進辦公室，做完所有被交代的事情，再請示直屬主管還有沒

有需要做的事，確定沒事了，她才安心地下班。這樣用心工作的宜婷，後來還是因為老闆的言語霸凌，被迫離開職場。

「直屬上司沒有把文件交給我，當老闆要資料的時候，上司卻說昨天已經要我去影印造冊，沒想到我不但沒做，還把文件弄丟了。」宜婷是被直屬長官陷害的，她根本沒有拿到文件也沒被交代要影印造冊，就揹了個大黑鍋。當她還沒回過神來，老闆勃然大怒：「妳這個殘廢，連腦子也廢了嗎？這麼簡單的事都做不好，要不是礙於法規，我根本不想用妳！」

老闆在辦公室大聲咆哮，全公司的人都聽到了，卻沒有人敢站出來聲援她。宜婷被老闆如雷般的聲音嚇到，更被老闆的言語給刺傷，全身不斷顫抖，她告訴自己不能哭，眼淚卻不聽使喚地掉了下來。

「妳哭屁啊！弄丟客戶文件，我才要哭咧！」直

屬上司狠狠地補上一刀，宜婷當天就遞出辭呈，老闆也要她明天就不必來上班了。

「殘廢」這兩個字，大大挑動宜婷的敏感神經，如果沒有那場車禍，她的人生會不會順遂一些？缺了一條腿，為什麼整個人生彷彿崩壞了一般，「我只是少了一條腿，但我依舊是個人啊！」宜婷哭著跟我說。

被老闆羞辱之後，宜婷得了憂鬱症，整天待在家裡，不敢走入人群。她很怕看見他人的眼光，每當有人把視線多停留在她的腿上一兩秒，她就會想起老闆面試她時的輕蔑眼神，還有那個罵她是殘廢、腦子也廢了的情景，眼淚頓時不爭氣地掉了下來。

「我恨死那個老闆了，我好不容易建立起來的自信，他用一句話就擊潰了！還有那個栽贓我的主管，我一輩子都不會原諒她！」

我能體會宜婷的憤怒，還有被老闆言語霸凌的痛苦。我的某位前老闆，曾經聽信客戶的一面之詞，把專案延宕的責任都推給我。當我還在電腦前試圖找出電子郵件證明自己的清白時，老闆直接把報夾丟向我，怒罵說：「妳不必找證據了，找妳負責這個案子，算我瞎了眼！」他丟過來的報夾差點打到我的頭。當下，我愣住了，卻無能為力。

　　有人勸宜婷要想開點，「妳是多沒自信，又多不愛自己，才會相信別人攻擊妳時說的話？」嘴巴上安慰他人想開一點，說來容易，但是當言語霸凌來自老闆或直屬上司的時候，權力不對等的員工很容易內心受挫，自信心更是搖搖欲墜。

　　那些袖手旁觀的同事礙於老闆的權威，往往會與被霸凌者保持距離，這讓很多被言語霸凌的員工，就算沒有找到新工作，也會選擇立刻請辭，離開這個令他們受傷的環境。

在這種情況下，除了離職，真的無路可走嗎？

逆襲者的求生筆記

職場上，需要的是「原則」而不是「善良」！

不知道你有沒有這樣的經驗？當你越想努力忘記一些令你感到不愉快的人與事，這些記憶，反而在腦海中迴盪，越變越清晰？而且那些不愉快的對話會像跳針般地不斷在腦海裡重複播放，結果變成了更加難以忘懷。

面對這樣的情況，我會透過學習新的事物來轉移一下自己的注意力。不斷舔舐傷口，只會讓傷口持續發炎；正視導致自己受傷的原因，想出解決之道，才能讓自己不會再遇到類似的傷害。

以宜婷為例，她在面試的時候就充分感受到老闆

對肢體障礙人士的不友善，但她為了有份工作，決定向不友善低頭。言詞刻薄的老闆，通常格局不大，就算現在事業做得好，未來也不保證能永續經營下去。進入這樣的公司，跟隨這樣的老闆工作，到底能做多久，做員工的要有心理準備。

宜婷的肢體障礙及她溫和的性格，讓她在充斥言語暴力的職場裡，注定成為弱勢。當主管誣賴她不僅沒做事還把重要文件弄丟時，宜婷處於震驚狀態，沒來得及回神反駁說明就被定罪。這是第一個失誤。

接著，當老闆罵她：「妳這個殘廢，連腦子也廢了嗎？」宜婷被老闆大聲咆哮及刻薄言語嚇到哭出來，沒有立刻反擊，這是第二次失誤。

職場上，不需要「善良」，需要的是「原則」！當你被公然侮辱的時候，請捍衛自己「生而為人」的尊嚴，讓言語霸凌者付出法律代價，是你該有的

原則！

　　當言語霸凌者是老闆與上司的時候，請蒐集證據；錄音筆是必備的武器，所有的簡訊、即時通訊軟體的對話與電子郵件通通留著，記得要有備份。只要保留證據，相信 ptt、Dcard、爆料公社……很多鄉民都會替你討公道。

　　假使你還沒找到新工作，仍想繼續留在原公司，你可以找些「靠山」，就是社會上有頭有臉的人物，幫你打個電話到公司關切一下，請老闆與上司多關照你，若是做不好的話，也請他們多多指教和包涵。公家機關通常比較吃這套，可以找立委或議員陳情，通常民意代表會以服務選民的方式，打一通「關心選民就業情況」的電話給公家機關的長官，示意他們要善待下屬。

　　如果你決定離開霸凌你的公司，可以先找律師了

解職場霸凌違反哪些相關法規，所謂「江湖在走，律師要有」，多認識一些律師朋友，必要時不僅能提供法律諮詢服務，還能幫你打贏這場官司。

不能忍，就要狠；在蒐證完畢後，該到勞工局申訴的就去申訴，該告的就提告，一味地忍耐，只會姑息養奸，讓施暴者更囂張。

很多員工擔心一旦提告，會讓自己被同業封殺，影響未來的就業機會。假使你有這層擔心，選擇安靜地離開這家惡質的公司，就請把過去的一切都忘了吧！別時不時地想起這些事，就詛咒前主管幾句，讓內心始終無法得到平靜，這是一種自我耗損。

至於那些沒有聲援你、覺得事不關己的同事們，別把他們的冷漠放在心上，因為當你離開後，下一個被霸凌的對象，可能就是他們。

有些人或許會說，在職場上被老闆和上司罵是常有的事，甚至有的上司出口成髒，動不動就將「三字經」掛在嘴上；說是言語霸凌，未免太沉重了。但是面對言語霸凌，你覺得受傷了，那就是傷害，不必去思考原不原諒的問題。「原諒」這東西，跟你的修養無關，跟你的內心狀態有關。**當你處於弱勢的時候，沒資格談原諒；當你變強大了，別人也不夠資格得到你的原諒。**就像尼采說的，凡殺不死你的，都會使你更強大！

PART 2

職場篇
向上管理

11

聽懂上司的話中有話，
了解他怎麼想，讓你更好辦事

　　很多職場人聽到「向上管理」四個字，心裡立刻浮現「馬屁精」的負面字眼。事實上，倘若你在職場上，想要升遷加薪，希望辛苦努力的成果能被長官們看見，你就得學會「向上管理」。這絕對不是要你逢迎拍馬，或是學會「讀心術」，而是要懂得用上司的角度，換位思考，跟上司做良性互動，才能有效溝通。

　　我在職場生涯中遇到很多優秀的人，他們很會做

事，但就是升不了官。因為他們只會悶著頭把工作做到最好，卻疏於或懶得跟上司維繫良好的互動關係。這樣的人很吃虧，因為即使能力再強，也得不到上司青睞，未來有升遷機會的話，往往也輪不到他們，反而是那些比他專業能力差的人升上去當主管。被比自己笨的人管理，真的是一件很痛苦的事。

當你在職場努力過後，總要得到一些名與利才值得。別自視甚高，瞧不起沒能力的上司或老闆，請「知世故」，做一個圓滑的人，好好傾聽，並且了解老闆或上司的話，這會讓你的職場之路走得更順遂、也更長久。

怎麼聽懂上司的弦外之音或話中有話呢？請假設自己就是上司，揣測他為什麼這麼說？說這些話的用意到底是什麼？比方說，你正忙著加班趕企畫案，此時突然接到主管打來的電話，他問：「你現在在忙嗎？」你該怎麼回答？「對，我很忙，明天要給客戶

的提案還要修改。另外，您上午開會要我做的調查比較表，我再補充一下就好了，還有……」這是誠實的回答，也是最失敗的回應。

　　請想想，長官打電話給你，不就是有事找你嗎？所以不管再忙，你都要回說：「還好，長官有什麼事情，請說。」當你換位思考，把自己當成主管就知道，你會沒事打電話給下屬，只為關心他忙不忙嗎？一定是有事情要找他做。你不必鉅細靡遺地跟主管報告你正在做哪些事，只需要先聽他把話說完。如果是交派新的工作，你再跟他報告現在手中還有哪些項目正在處理，是否能給你一些指示，釐清工作的輕重緩急和順序。

　　此時，千萬別急著把新工作「推」出去。假想你是主管，絕對不希望一開口交派任務就被下屬拒絕，不是嗎？將心比心，不僅是在職場，也適用於各種人際關係的經營。

除了聽懂上司的話中之意，我們平時還要留意，關心長官到底在想什麼？

　　公司開大會時，當老闆在臺上宣示年度目標或公司未來發展的時候，請不要開啟自動睡眠模式，最好仔細聆聽他的說詞。剔除那些「好大喜功」的誇誇其談，你會聽到一些重點訊息，然後將自己的工作項目重新排序，調整成跟老闆的目標同步，就不會瞎忙、白忙一場，避免做到自己累得半死，卻得不到上司青睞的下場。當你能充分掌握老闆最在意的工作要點，並且把它做好，長官要找你碴，真的很難。

　　如果你的老闆很愛接受媒體專訪，請你多看一眼報導，他對雜誌記者們說了哪些內容？從這些報導裡，可以看到他在意什麼、他的目標是什麼，這些資訊都能幫助你更了解老闆的思路與公司的未來動向。掌握上司的心思，了解他的想法，至少能幫助我們不踩雷、在工作上保平安。

想要升遷加薪，適度地在上司面前刷存在感，也是必要的。尤其是大公司，老闆未必認得每一位員工，當主管職出缺時，你的名字被列在名單上，大老闆卻不知道你是誰，這樣是很吃虧的。

職場作家洪雪珍寫過一篇文章，裡面提到有家公司的中階主管職出缺，上司寫了一個員工的名字，上報董事長批核。董事長一看到名字就說：「這位是不是參加員工運動會，跑到褲子掉下來的那個？」上司點頭，笑說：「是！就是他！」老闆當場就簽名批准了。

讓上司與老闆對你有印象，知道你的存在，這是第一步；接下來，要讓這個印象是好的，你可以「管理」想要給人的形象是什麼。

我用「管理」這兩個字，代表這未必是你的真實面貌、真性情，而是你在職場「刻意」經營出的樣子。

倘若你在外商公司上班，就算你原本的個性內向寡言，在外商公司的工作環境，當你穿上了黑色西裝外套，就請扮演一個行事幹練、積極進取的人，這是你融入公司文化的象徵。儘管你內心住著一個童心未泯的小女孩，這個面向的自己並不適合出現在職場裡，要將她隱藏起來。

不用懷疑，上班就是在演戲，下了班才是自己。每天上班穿上西裝外套的時候，提醒自己，穿上了戲服，就該發揮演技，好好扮演這個角色。倘若你的角色是經理人，就該展現出經理人應有的特質。

仔細觀察你所在的職場，崇尚標榜的是什麼樣的文化？在推崇「狼性」、鼓勵內部競爭的工作場域，「溫良恭儉讓」的人肯定吃虧；如果你在慈善公益機構服務，本性卻是好勝好強又愛比拚、凡事講求效率及實際成果，這樣的形象可能就跟組織文化格格不入。

有效管理自己的形象，這是在職場站穩腳步的關鍵。當你形象鮮明的時候，一提到你的名字，他人腦海就會浮現一些關鍵字，像是有效率、果斷、很有責任感、非常自律⋯⋯等。

　　如果你一心只想做自己，或許可以找一份跟自己真性情相投合的公司工作；坦白說，這樣的公司，不多。除非你自行創業當老闆，可以強悍到不理會客戶觀感，否則你一樣得好好管理自己的形象。

　　你想在職場做一個什麼樣的人？請好好思考這個問題。在職場這場戲中，「人設」一旦定型，它就成了你走跳江湖的另一張名片。

12

你算老幾？：
記住，你是員工，
不是老闆的老師

「當你看到老闆亂花錢或做出錯誤的決策時，該不該勸老闆，請他別這樣任性？」「我是不是該提醒老闆，他做錯了？」這些都是很有責任感的上班族們，心中的疑問。

正在閱讀文章的讀者們覺得呢？

針對這個問題，這篇文章的標題就是我的答案。我們在職場上，管你掛什麼職稱頭銜，只要是受薪階

級，就是老闆的員工而已。員工要做的就是事前提出各種方案，分析各個方案的利弊，交由老闆拍板定案。當老闆決定了一項任務，員工接下來要做的，就是貫徹執行它。假使執行過程中出現了變數，能夠及時提出預警並且找出解決方法，就是好員工。

老闆要的就是這樣的人，記住：你是員工，不是老闆的老師。

在職場裡，會聽員工建言的老闆，不多。表面上，老闆們會說「公司是大家的」，歡迎提出意見讓公司更好；當你相信這句話是真的，寫好比〈正氣歌〉還感人的千字文，想要在公司大會上跟老闆提出建議，很快地，你就會發現：公司是老闆的，不是你的。

我服務過的公司老闆們都有個共同點：他們在起心動念做一件事之前，早有定見。他們說出「公

司是大家的，歡迎大家提出意見」，就跟我們隨口說「歡迎有空到我家玩」、「改天一起吃個飯」是一樣的意思。

向上管理很重要的一點，是要搞清楚上司心裡最在意事情的排序，與他同步，才能不踩雷。他認為至關重要的事，而你覺得荒謬無稽，兩人不同步，就很難同行，不同行就不同心；不同心，你就不會是上司眼中的「自己人」。

我服務過的某家電視臺，虧損幾年之後，好不容易有一年終於賺錢了，老闆特別撥出一筆預算，請各部門提出需求，最後由他決定這筆預算要花在哪裡。當時新聞部主管提出更新設備的計畫，因為原先的器材使用超過十年以上，希望這些器材能夠汰舊換新，讓新聞播出品質更好。其他部門也紛紛提出了建議方案，像是增添人力、修繕辦公環境……等。

最後老闆拍板定案，決定用這筆預算買一對石獅子，放在辦公大樓門口，增添電視臺的氣勢與提升運勢。

老闆看重的是他的公司看起來夠不夠氣派，在意的是他的公司有沒有順風順水。或許在員工看來，這樣的做法並沒有把錢花在刀口上，但對老闆而言，這是他最在乎的事，也就是公司當前最重要的事。

每個人都愛面子，大老闆們更是好面子，員工就算好意提醒老闆可能犯下的錯誤，他們心裡的 OS 則是：「你是老闆還是我是老闆？你算老幾？輪得到你來教我怎麼做！」所以，千萬別以「老師」之姿，告訴老闆該怎麼做或不應該做什麼。

當我們被老闆交付一項工作任務，能做的就是蒐集資料、分析其中的利弊得失，讓他從幾個選項中做出最後決定。要知道，老闆們喜歡「選擇

題」，員工最好不要拿「是非題」請他做答。**因為
「選擇題」才能彰顯老闆的決定權；「是非題」除
了讓老闆覺得你能力不足之外，你還會在無意之間
限縮了老闆的權力。**

　　老闆也許真的沒你聰明睿智，但，他就是老
闆。沒有一個老闆喜歡員工當他的老師，告訴他這裡
不對，那裡不能這樣做，應該怎麼做才對。公司是老
闆的，他愛怎麼做，就怎麼做；員工只要按時領到薪
資，盡責地做好分內的工作就可以，這才是公司請你
來上班的目的。

13

上司是個推王：
以退為進，接收他的地盤

　　爭功諉過是職場上經常看到的現象。「假如你的上司是個推王，他不僅從不當責，還擅長把原本他該做的工作推給你做，該怎麼辦呢？」有位網友這樣問我。

　　我在收視率倒數第二名的電視臺工作時，我的直屬上司就是這樣的人。他是採訪主任，理當扛起提升收視率的重責大任，但他以健康因素為由，跟當時的新聞部經理說情，由他上早班，也就是凌晨

五點到班，工作到中午兩點下班，主要負責午間新聞的收視率。他也跟經理建議，由擔任副主任的我，扛起晚班的收視重任。所謂的晚班不是真的晚上上班，而是早上八點到班，工作到晚上八點。也就是說，晚間六、七點新聞播完、檢討完之後，如果沒有重大突發新聞事件，工作十二個小時後，就能下班；若有重大新聞出現，就再繼續工作，直到凌晨一點新聞收播才能回家。

採訪主任所謂的健康因素，是他曾經主動脈剝離，必須遵照醫囑，不能太勞累。他是我的直屬上司，他的上司（新聞部經理）同意了他的陳情，我的爆肝新聞人生也就此開始。

採訪主任跟我互為職務代理人，我們不能同時休假。一開始，他還老實地遵循上班時間規定，過了三個月，他開始臨時請假，我常在凌晨兩、三點左右收到他的簡訊，「Sally，很抱歉打擾妳休息，我因為心

臟突然覺得不適，今天早上要請假去醫院，麻煩妳代班了。」這樣的簡訊後來成為常態，只是理由不同，今天心臟不適、明天血壓突然飆高、後天頭痛暈倒送醫……唯一相同的是，他總是在凌晨四點前，發出簡訊給我，方便我在凌晨五點前，還來得及從家裡出發，進公司上早班。

起初，我真的相信他身體不好，所以請假在家休息。直到有一天，他又發簡訊告訴我，他昏倒了，被家人送往醫院急救，清醒後醫師說要住院觀察一星期，因此接下來七天，要我多擔待一下。當天晚上，我轉到其他臺看政論節目的時候，卻看見他在螢光幕前生龍活虎地講述他的社會新聞採訪經驗，宏亮的聲音配上豐富的肢體動作，實在讓人很難想像，他是半夜昏倒、需要住院觀察一星期的「病人」。

當他知道自己的謊言被識破之後，索性就不再編織任何理由了。接下來他依舊在相同的時間傳簡訊給

我，只是內容變得簡單扼要：「今天我請假，早班妳負責。」之前請假的理由與客套話，全部都省略了。

我整理了自己的上班打卡記錄，一個月上班日如果是二十二天，我幫他上早班的日數，平均超過十四天。我又查了一下他的打卡記錄，他每次臨時沒來上班從來不補假單，換言之，他的薪水是我幫他賺的。

這樣的情況持續了半年，長期下來，我每天工作超過十五個小時。我跟新聞部經理反應之後，他說：「我會提醒明德，要有責任感，臨時請假要補假單。」

我完全能夠感受到經理的敷衍，我的直覺告訴我，他倆是好兄弟，如果沒有經理的同意，他怎麼能到友臺上政論節目？沒來上班還能不補假單、照領薪資，擺明了就是背後有靠山。

當時新聞部副理出缺，經理要求我扛下收視重任

時允諾我：「別管明德！只要收視率能往前進一步，從倒數第二變第三，年底就升妳當副理。」這句承諾對我而言是有吸引力的，因為當上了副理，就跟「經理」互為職務代理人，我可以徹底擺脫「推王」了。

明德繼續當他的薪水小偷，就算「偶爾」到公司上班，他時不時地跑到外面抽菸，一抽就好幾個鐘頭不見人影，所以早班工作人員遇到問題要請示主管時，已經習慣性地找我幫忙。大半年過去了，有一天他上班要指揮某位主管調派任務時，該名主管沒有立即執行他的命令，反倒是轉過頭來請示我的意見。

剎那間，他發現，他的採訪中心主任權力，已經默默被我接收了，整個團隊早已視我為領導中心。從那天起，他的身體狀況突然好轉，臨時請假的情況減少了，而我們之間的明爭暗鬥也由此展開。

到了年底，經理信守承諾升我為副理，明德很不

服氣，去找經理理論。他說：「收視率從倒數第二名進步到倒數第三，午間新聞的收視成長最明顯，這都是我督導有功，憑什麼升官的不是我，而是 Sally ？不管是論功行賞或排資論輩，都該是我升遷，不是她！」

畢竟他們是多年的麻吉，經理問我是否能接受跟明德一起掛名副理，繼續互為代班人？這真是一個晴天霹靂的消息！我努力工作了一年多，替他上了這麼多早班，為的就是升上去當他的長官，不再受他牽制，如今要我繼續跟他代班，這對我來說是懲罰不是獎賞啊！

我請經理把明德的出勤記錄調出來，再請人資計算他的上班時數，以及請假有沒有補假單。「事實證明，我督導午間新聞的時數比他長。另外，他沒來上班卻從不請假也不補假單，這樣的人當副理，能讓人信服嗎？」

之後，明德繼續當採訪中心主任，接任副主任職位的是淑玲。人事令公布的那天，淑玲到辦公室找我，「我是單親媽媽，沒辦法像妳一樣被明德那個推王這樣凹，妳能告訴我該怎麼對付他嗎？」

淑玲是明德推薦進新聞部的，兩人一向以兄妹相稱，我對淑玲保持戒心，只淡淡地跟她說：「我單身，除了工作還是工作，我不覺得明德對我來說是個問題。」

一個月後，明德被董事長調職了。原來是淑玲當上副主任後跟明德說：「哥，我知道你身體不好，你想休息的時候就隨時發簡訊給我，做妹妹的沒有第二句話，一定全力挺哥哥，你就放心地好好調養身體吧！」那一個月，明德安心不來上班的日子多達二十二天，淑玲請人資把他的打卡記錄調出來，一狀告到了董事長室。

「我是單親媽媽，連續上了二十二天的早晚班，明德哥不來上班也沒補假單，經理不管，董事長總得管管新聞部吧！雖然我熱愛新聞工作，但我也要履行當母親的責任啊！」淑玲滿腹委屈地在董事長面前掉下眼淚，請他主持公道。

於是明德被調職，很快就自請離職。明德在新聞圈人脈廣，逢人就罵淑玲是個「忘恩負義的東西」！而淑玲越級報告，惹惱的不只是明德，還有新聞部經理。「她每次都用單親媽媽名義裝可憐，受不了工作時數太長，可以先找我談啊！一狀告到董事長那裡，就是控訴我管理不當，包庇明德。虧她還是明德介紹進公司的，我看她不是人，根本就是一條會咬主人的狗！」經理忍不住找我訴苦，並且在談話中狂罵淑玲。

此後，經理常在工作上找淑玲麻煩，淑玲最終識相地離職，到另外一家新聞臺工作。多年後，新聞部

經理也離職了，淑玲想要重回老東家，跟新上任的新聞部經理談妥薪資，當人事聘用案送到董事長室時，董事長沒有批准。「你不知道這個女的是個會越級報告、忘恩負義、會咬人的狗嗎？」董事長這樣告訴新上任的新聞部經理。

在職場生涯中，我們一定會遇到形形色色的人，包括「推王」。碰到他們的時候，不必急著反擊，如果推王是你的上司，當他把工作主動推給你的時候，請善用這個機會，好好表現自己的實力，一定要做得比推王更好。你可以努力一步步取得同事的信任，再慢慢蠶食鯨吞他原有的工作領域，最後證明推王無能，在這家公司沒有存在的價值，你何樂而不為呢？

一家公司的推王，也許是你的同事或是直屬長官。當你評估自己沒辦法與之相抗，乾脆承擔下來，並向上司表明，從這一刻起，你會為這件工作負起全部責任，請讓你全權處理。這也是為了避免責任劃分

不清的做法，因為任何事只要超過一個人負責，就是不會有人負責。既然推王要推工作，就請他推得徹底，一旦你接手了，這件工作就再也與他無關。

比起職場上的其他妖魔鬼怪，說實在的，推王並不可怕；可怕的是他們推了以後又不放手，處處掣肘。當上面究責的時候，又再次以推王的姿態出現。

14

跟主管不對盤，
轉個念頭，
就能海闊天空

　　我轉進公關行業前，曾在一家非主流媒體工作短短四個月的時間。會在那短暫停留，主要是騎驢找馬，我的目標是找到下一份公關業工作就離開。當時，我跟這家媒體的副總經理很不對盤，不知這份工作是否能做得長久，只能一天過一天地忍耐下去。

　　我跟上司合不來的原因很多，主要是兩人行事風格差異太大。身為下屬，當我對她的指示不以為然的時候，想要好好溝通，但她卻是命令既出，絕不更

改，我只有奉命行事的分，我們之間沒有「溝通」這件事；但是，當我按照她的指示去做，結果卻是失敗的時候，她會大罵我，並且要我扛起責任。

面試時，我們相談甚歡，我應徵的職位是國際新聞中心副理，工作一個月後，這位副總希望我接手新聞總監的職務，但是薪水不會調整，因此我婉拒了她讓我升官的好意，繼續待在國際新聞中心。

這回拒絕，埋下了她視我為眼中釘的種子。

現在回頭看當時的自己，我承認做法與想法都有問題，難怪上司會看我不順眼。我把這份工作當作過渡時期的打工，不想耗費太多心力，而將所有心思都放在公關公司的面試上。這份工作對我來說早已駕輕就熟，我也不想額外多貢獻一些時間和腦力。

從公司的立場來看，我就像是薪水小偷，副總認為我明明有能力做更多事情，卻吝於付出。她覺得光是「新聞總監」這個頭銜，就是她給我的莫大恩典，即使沒有實質上的調薪，我也應該對她心懷感恩才是。

當我婉拒了升遷機會後，她開始常常找我麻煩，一下子臨時要我籌備政論節目，一下子又要我去政治新聞中心支援，要是這些臨時調派的工作做得不如她意，她的酸言酸語立刻就脫口而出，讓我很不能適應。在職場上，我向來直來直往，我覺得在公事上若有什麼不滿，大可公開說出來，我最瞧不起那些開會討論時不講話，背後卻頻頻放冷箭批評東、批評西的人。

副總跟我不對盤的事，全公司無人不曉。每次一想到上班時又要面對她那張牙舞爪的臉，心情就感到沉重，很想遞出辭呈，瀟灑地走人。但是礙於新的工

作還沒著落，我不想再次陷入待業的焦慮，此時離職不是一個好選項。

我告訴自己，不如給自己半年的時間吧！一定要想辦法在半年內找到新工作，離開這個跟我磁場不合、主管又太難搞的地方。

設定好離職日期後，我的心態瞬間改變。我知道副總不會是我職場生涯中永遠的副總，只是一個過客；對於一個路過的人，有必要跟她針鋒相對嗎？她說的話，有需要放在心上嗎？轉個念頭，人生就豁然開朗！由於之前那段被打入冷宮的經驗，我確信只要沒被發配邊疆，就有機會扭轉劣勢。如果不想重蹈覆轍，就必須改變做法。因此，我不再處處躲避副總，而是主動跟她打招呼。她一樣常常找我麻煩，但碰到問題的時候，我會放下面子、和顏悅色地去請教她，按照她的指示行事。

當我完成她交辦的工作後，也會主動感謝她：「這次我從副總身上學到不少，謝謝您！」第一次聽到我的感謝詞，她滿臉不可置信的表情，勉強擠出了一絲笑容回道：「妳做得不錯！」

　　當我們的關係不再劍拔弩張之後，上班的心情也緩和了不少。

　　從跟上司不對盤的經驗裡，我學習到，就算彼此互看不順眼，仍然可以從對方身上學到一些東西。倘若你不認同上司的處事方式，不喜歡他的作風，甚至瞧不起他的能力，可以在心裡建立一道自我防護網。你依然能夠繼續守護你的價值觀與行事準則，不必讓心情因為對方的反應而受到影響，但這並不妨礙你跟他學習。就算主管真的沒能力，至少你也可以從他身上找出，為什麼沒能力的人也能坐上高位的原因。

試著把時間軸拉長，用另一個角度看待事情，才是聰明的辦法。即使後來我沒有在預定的離職期限內找到新工作，離開這個讓我痛苦的工作環境，至少調整了心態和做法之後，這段日子的相處模式，已經讓我們之間的衝突減少，受益最大的還是自己。

　　在職場中面對不對盤的上司，也許你無法說服自己想開一點，此時可以在心中為自己設定一個離職日，相信看待同事及上司的眼光就會輕鬆許多。因為你知道，這一切都只是暫時的，那些令你糾結的人際關係與明爭暗鬥，總有結束的一天。

15

公司沒有你不會倒，
別踐踏替你抬轎的夥伴！

　　主播是我在職場生涯裡遇到最華麗的動物，她們真的很美，但因為太美了，有時變得不太真實。

　　要知道，能從成千上萬的新聞工作者中脫穎而出，坐上舉國皆知的頻道主播臺，光有美貌與口條是不夠的。這個位子充滿誘惑、也太迷人，象徵著名利雙收，而早期媒體沒有那麼多的時候，當上主播也等於拿到了豪門媳婦的入場券。當時電視臺少，有線電視剛崛起，能當上主播的話，全臺灣大概就有一半以

上的民眾知道你是誰，「走在路上，如果沒有人認出我、竊竊私語說那個人是不是 XXX？坦白講，我會覺得很失落，臺灣怎麼可能還有人不認識我？除非他從來不看電視！」這是主播好友對我說過的真心話。

現在電視臺主播多了，比車展小模還多；他們的程度參差不齊，只有一項素質是挺整齊的，就是非常會鬥、會爭。「鬥爭」是所有主播必備的才華，就算你本性純良、不想與人爭鬥，也躲不過被鬥的命運。

鬥爭手法一：散布謠言

就跟其他職場一樣，誰是紅人，大家都知道。為了避免紅牌一人搶走所有資源，就得在她竄起前，聯合其他勢力一起打壓。

有位女主播長得年輕漂亮，不到一年就坐上黃金時段的播報臺，「肯定是跟長官睡來的！」這種謠

言八卦，像空氣般在電視臺內散布，充斥了整個辦公室，卻找不到源頭。紅牌只能氣到內傷，鎖定幾個可疑主播，但也很難找到是誰製造不實謠言的證據。

我看過一位主播很有手腕地處理這類空穴來風的謠言。她走到已鎖定的可疑主播面前，在大庭廣眾前，直接問她：「我聽說妳在傳我跟總經理上床，才當上晚間新聞主播的，要不要我再多補充一點訊息，讓妳的謠言更可信一點？」

散布謠言的人，跟做賊的人一樣心虛；他們製造謠言的目的，是希望謠言像空氣般快速散布，傳得越誇張越好，唯一最怕的就是被揭發身分。所以，當你無懼謠言，勇於面對並拆穿它，製造謠言者將會無所遁形。

鬥爭手法二：巴結老闆

有位黃金時段的女主播，每天下午四點進公司化妝，從不出席編採會議。播報的時候她就照稿唸，播完晚間新聞立刻閃人，也不參加檢討會議，「我的合約有註明，我只負責晚間新聞兩小時的播報，其他工作都與我無關。」她理直氣壯地說。

總統大選期間，電視臺老闆要求主播組下鄉，貼身採訪候選人的生活點滴，她拒絕跟候選人到處跑，拿出合約跟我爭論，她不必出外晒太陽跑新聞，「那是其他廉價主播做的事！」

她是主播組的公敵，但在電視臺裡，很得老闆寵愛。

拒絕外出採訪的她，有一次卻主動爭取參加廠商招待的採訪之行，那是去義大利報導手工皮鞋製作過

程。我問她：「妳不是廉價主播，何必外出採訪呢？義大利的太陽也是很毒辣的。」她回我：「這是我心甘情願去的，我對這個採訪很感興趣。」她跟老闆提出要求，如願去了義大利。

有次跟老闆開會，我發現老闆的皮鞋是新的，看起來很不一般，隨口問了一句：「總經理，您的皮鞋不是在臺灣買的吧？很好看耶！」老闆得意地回我：「是XX去義大利採訪時買回來送我的，她還真有心，目測就知道我腳的大小，送我的鞋，剛好合腳。這麼高級的手工皮鞋，臺灣很少啦！」

我連我爸爸穿幾號鞋都不知道，黃金主播對老闆的這番體貼孝心，著實讓人感動。

鬥爭手法三：推卸責任

我在收視率倒數第二名的電視臺當主管的時候，

老闆為了提振收視，從其他新聞臺重金挖角了一位知名主播，負責晚間六、七點新聞播報。為了迎接這位高薪聘來的主播，採訪中心提前給各記者壓力：「每個人每星期都要貢獻一則獨家新聞，持續三個月，不得間斷！」大家全力拚收視，給這位主播抬轎，是老闆給新聞部同仁的指示。

那三個月裡，採訪中心的同仁們真的很拚，獨家新聞很有分量，每則新聞後製也包裝得很講究，全員努力的結果是：收視率很穩，穩到一個程度就是絲毫沒有進步，依舊是倒數第二名！

三個月驗收結果、檢討團隊，是電視臺的慣例。更嚴格的老闆，通常一個月內，看收視率檢討報告，就可以決定一個節目的存亡。這次老闆等了三個月才檢討新聞部的表現，算是仁慈了。

老闆先找來黃金主播詢問：「妳播報了三個

月，收視率還是起不來，妳認為原因在哪裡？」「採訪團隊真的太弱了，我們播的新聞，別臺也有；別臺有的獨家，我們沒有。這樣弱的新聞團隊，就算我播到死，收視率也起不來！新聞是打團體戰的，絕對不是靠我一個人就能拉抬收視率。採訪中心不努力，就算找林志玲來播，也是倒數第二！」

黃金主播的重點只有一句：收視率差是因為採訪中心太弱，收視率是採訪中心的責任。

當時帶領採訪團隊的我，被老闆叫去辦公室問責。坦白說，當我聽說老闆準備挖角這位黃金主播時，已有心理準備。當她還沒上任時，採訪中心一些重量級的獨家報導，我刻意壓著，準備留給她；當她播了一個多月後，收視率不見起色，我更是早有準備，每天請各組組長把發稿量、獨家新聞內容與則數統計出來；更重要的是，當我們播出獨家新聞與調查報導後，我把對社會產生的影響力記錄下來，列成一

張表格。這些都是證明採訪團隊很努力的有力證據。

面對團隊的努力一夕之間被抹煞，我出示證據表格後，跟老闆說：「收視率確實是團體戰，不能單靠主播，因為主播效應不存在。觀眾不會因為主播是誰，就特別轉臺看我們的新聞，採訪中心只有繼續努力，充實新聞內容，為收視率扛起責任！」

新聞部是傳播單位，我跟老闆的對話，尤其是那句「主播效應不存在」很快地傳進了黃金主播耳裡。她為了證明沒有她，我們連倒數第二名也保不住，以「家裡有事」為由，請了一個半月的假。

通常重金禮聘請來的主播，週一至週五是不會請假的；看來她對於我說「主播效應不存在」很是介意，認為我貶損了她的工作價值，她要用一個半月的時間證明，電視臺不能沒有她。

巧合的是，老闆也想知道，他花了近 500 萬年薪請來的黃金主播，到底值不值這個錢？「主播效應」到底存不存在？他決定准假，並指派新聞臺編制內一位月薪 15 萬的主播，代理播報晚間六、七點的新聞。

　　這一個半月的收視率很穩，而且是穩健的成長，比之前的月平均收視率，成長了 0.03。採訪中心依舊是原來的採訪中心，唯一改變的只有主播而已。

　　黃金主播原本打算再休息一個半月，當她一聽說她不在期間，收視率竟然有起色，立刻銷假回來上班。重回主播臺的她，待人處事變得親和有禮多了，但老闆對她就沒之前那麼禮遇和客氣了。

　　黃金主播跟公司簽的是年約，一年一約，她播報十個月後，主動找老闆表示願意續約。老闆提出續約的前提是：必須減薪，她不願降價，所以播滿一年，就離開了這家新聞臺，老闆也沒慰留。

回想她上任的第一天，老闆為她舉辦盛大的記者會，祝賀花籃擺滿了公司一樓大廳。現場擠滿影劇記者，她身戴鳳冠霞帔，象徵著嫁給這家電視臺，對照上任時的風光熱鬧，最後一天播完晚間新聞的她，一個人捧著紙箱，默默離開公司的背影，顯得冷清寂寥。

　　在職場上，領高薪是要付出代價的；我們都是職場傭兵，必須展現出超過薪資條上的數字十倍以上的價值，才能存活下去。千萬不要像這位主播一樣，因為自視甚高而拿翹；也不要以為公司沒有你會倒，當你有了這樣的念頭，並想測試一下的時候，通常就是為自己敲響職場喪鐘的時候。

　　職場如戰場，請好好善待跟你一起打仗的團隊，尤其是那些認真為你抬轎的人，千萬別瞧不起他們，更別踩死、弄死他們；他們或許沒辦法成就你，但絕對能一起合作搞垮你。

鬥爭手法四：放消息給媒體

　　臺灣的主播太多了，想成名的話，得靠自己想辦法。作家張愛玲說「成名要趁早」，靠專業實力成名，太花時間，等你有名了，人也老了。於是一堆年輕主播的做法就是跟媒體保持良好關係，自己的消息自己發布。

　　在臺灣想紅，只要你敢，真的不難，好事壞事都能讓人一夕爆紅。有些小咖主播想紅，主動跟媒體爆料，哪位男藝人正在追她，「明天剛好是我的生日，我們會在 XX 飯店慶生，記者大哥如果需要新聞，可以來拍，我會假裝是被偷拍，什麼都不知道。」

　　有人自導自演被媒體偷拍，有人則是不甘示弱，主動提供泳裝清涼照給媒體刊登，只為了搏版面。

　　「主播」是我職場生涯裡很難忘懷的記憶，她們

讓我體會到：上班就是在演戲，必須演好演滿；必要時，眼淚要能一秒間流下來，裝可憐、裝無辜都好，唯有把演技練得爐火純青，才是生存之道。

PART

3

人生篇

向死而生

1

照顧者的黑洞：
死亡讓我們感到痛苦，
也更靠近彼此

在我求學的那個年代，沒有生命教育課程。作為外省老兵的女兒，我沒見過我的祖父母；我的客家外公，在我出生前，因心肌梗塞過世。我第一次經歷親人的死亡，是外婆因病去世，但那時年紀小，對「死亡」這個課題，並沒有深刻的體會，直到父親去世，我才真正上了一堂生命課。

這場震撼教育帶走的，是我最親也是最愛我的人。父親離去之前，我就有憂鬱症的傾向；他走後，

我沒吃藥根本無法入睡，內心像是破了一個大洞似的。歲月悠悠，十年過去了，我並沒有因時間流逝「走出」悲傷，而是學會了與悲傷和憂鬱同行。

父親從確定罹癌到離開人世，只有短短十個月的時間。我到現在依舊記得那天在診間，父親被醫師宣告肺癌末期、無法開刀的情景。從那一刻起，我的人生就變成黑色的，我多希望時間能夠倒回他還健康的時候。我常想：如果沒有那一天，我是不是能繼續開心地活著？不用擔心父母會衰老、生病，可以像之前一樣，一心朝著完成自己的理想和目標前進，在追求金錢與成就感的道路上，不斷向前奔跑。

然而，當我以為工作終於抵達前所未有的高峰，安於現狀的時刻，命運的滾輪卻不斷向前，對著我狂嘯。向來習慣事前規劃、掌控自己方向的我，這次被命運之輪輾過，直接掉落死亡的幽谷；同時，我也痛苦地凝視著最摯愛父親，他的生命逐漸走向終點。

因為照顧罹癌的父親，我「被離職」了，回到高雄老家後，生活只剩下在「家」與「醫院」兩個定點之間來回。照顧者的辛苦在於，被照顧的人不會因為你付出再多，健康狀況就得以改善；他們的身體狀態一天不如一天，而你卻無能為力，只能眼睜睜地看著最摯愛的人，生命一點一滴地流逝。照顧者就像希臘神話中日復一日推動巨石上山的薛西弗斯，徒勞無功，在伸手看不見五指的黑暗之中，任由被現實啃噬的心靈日漸乾枯。

　　儘管知道父親的死亡是必然，只是時間早晚的問題而已，我以為自己已經做好心理準備，但越是接近告別的那一天，內心的不安越沉重。半夜，我幾乎每個鐘頭都會自然醒來，下床確認父親還有呼吸之後，才安心地睡覺。當父親走後，這個習慣依然不變，只是對象變成了母親。每天晚上，每隔一個小時，我固定起身去母親的床邊，看她還有沒有呼吸，就怕一個不留神，她也會像父親一樣，撒手人寰。

癌症末期的父親完全不能進食，成天都處於昏睡狀態，他的生命已進入倒數計時的階段。我不確定他還聽不聽得見我說話，據說人在臨終的時候會迴光返照，但這個現象沒有出現在我父親身上。他一直昏睡著，直到走前一刻才稍微睜開眼睛，隨即就閉上，安安靜靜地離開了。

　　沒有痛苦的哀嚎、也沒有急促的呼吸聲，房間裡悄然無聲；父親走得很安詳，一如他的性格，不喜歡打擾別人。父親生前似乎已意識到自己來日無多，第二次化療後他感到身體極度不適，住院幾天後，就主動提出想要「回家」的要求。

　　記得當他身體還算硬朗的時候，我們曾經討論過這個禁忌的話題，他想怎麼離開這個世界？「不要急救、不要插管、死後不設靈堂、不辦公祭。」他說。

　　另外，他想求主憐憫，讓他在家中安息，「我不

要死在醫院，我想在家裡、自己的床上，躺在我的枕頭上，平安地走。」

最後，上帝垂聽了他的祈求。

龍應台在《天長地久：給美君的信》一書中寫道，美國曾做過一項調查：80% 的人希望在家裡臨終，但是 80% 的人都在醫院裡往生。為了得到更好的醫療照顧，很多人不得不在醫院裡等死。為什麼臨終時不能待在家裡呢？「隱私，是人的尊嚴核心，所有最疼痛、最脆弱、最纖細敏感的事情，我們都是避著眾人的眼光做的；哭泣時，找一個安靜的角落；傷心時，把頭埋在臂彎裡。」她說，臨終是一個人生命中最疼痛、最脆弱、最敏感也是最需要安靜與隱私的時刻。如果在醫院迎向生命的終點，陪伴患者臨終的會是在二十四小時不關燈的白色病房裡，半夜滋滋作響的日光燈，夾雜著心電圖聲和隔壁病床發出的陣陣喘息聲，十分刺耳。

我很感恩父親不是在毫無個人隱私的病房，完成了他人生中最脆弱、最敏感也是最痛苦的事。他在家中睡了多年的溫暖床上悄悄閉上了眼睛，枕頭上有他熟悉的洗衣粉殘留香味，還有那年秋天院子裡的桂花香，就此長眠，結束了他八十三年充滿動盪不安、紛紛擾擾的人生。

　　真正的悲傷，是從喪禮結束後開始。我在整理父親的遺物時發現，他把我從小到大，穿過的第一雙鞋、買給我的第一個絨毛玩偶熊寶寶、我用過的國語字典、削鉛筆機、領過的獎狀、各個求學時期的學生證、第一份工作的名片、當記者寫的第一篇新聞報導……一一收納在皮箱裡。那些曾經被我忽略的成長過程中的點點滴滴，他都如獲至寶般地仔細珍藏；翻看這些舊物，我突然有種體悟，那些我以為人到中年的飽經世故、歷經滄桑，不過是一支三分鐘新聞影片就能播報完畢的人生故事。

父親對我的愛，一如他的性格，安靜而低調。而他始終用這樣的方式守護著我。

　　我還有很多話想對他說，他就這樣離開了。這些遺憾伴隨著憂傷，讓我感到懊悔不已，為什麼我不曾對他說：「爸爸，我愛你」；為何我沒在那些還來得及的日子，握著他的手，問他一句：「爸，你今天過得好嗎？」

　　父親是在過完中秋節後的第十天，離開了我們。院子裡的桂花，一直以來都是由父親澆水照顧的，就在父親過世後沒多久，桂花凋謝了。母親請工人來，把院子的泥土地鋪成水泥。說來奇怪，每當我想起父親的時候，總會聞到一股桂花香，在空氣中暗自飄溢，那是記憶中如此熟悉又難以忘懷的味道。

2

面對失去親人的悲傷，
妳和我一樣，但妳還有我

　　幾年前，我的朋友看了作家龍應台的書《天長地久：給美君的信》，決定拋夫棄子一個月，從新加坡坐飛機回到臺灣，帶著獨居的母親，展開臺灣環島一周之旅。這是她父親過世後，母女兩人第一次結伴旅行，她帶母親去看想見的人、吃想吃的東西，到了晚上，兩人就擠在飯店同一張床上睡覺。時光彷彿回到了兒時母親哄她上床的畫面，只是現在換成年邁的母親依偎著中年的她，聊著聊著，她看著愛睏的母親進入了夢鄉。

就像跟年紀相近的閨密相處一樣，她把母親當作知心好友，一起喝茶，一起賞花看日落，「母親也可以是我們的女朋友」，她這樣跟我說。但是，直到父親過世後，我才把跟我年紀相差二十三歲的母親，當作我的女性朋友。

　　父親過世後，母親暴瘦 10 公斤。得知父親是肺癌末期時，我們幾個子女都有心理準備，死亡即將降臨我們家，儘管如此，那一刻實際到來的時候，還是令人感到措手不及。

　　處理後事期間，找禮儀社挑選棺木和骨灰罈、找合適的基督教生命園區、跑銀行處理父親的帳戶……等，有很多手續要辦、很多事情要處理，就是沒時間處理自己的悲傷。

　　一個生命無聲無息的殞落，消失在這個世界，那些習以為常的日常，突然之間都不再真實了。

母親在父親走後，恍神了好一段時間。她食不下嚥、夜不能眠，畢竟是陪伴了她五十多年的男人啊。

在父親的喪禮上，我攙扶著身高不到 150 公分、體重不到 40 公斤的母親，她的身體孱弱如棉絮，好像風一吹就會散了！她的白髮似芒草，在秋風裡微微顫抖著。死亡帶走了生養我的父親，如今這世上，唯一生我、養我的雙親，只剩下母親一人了。

父親的喪禮結束後，我經歷了什麼叫「比句點更悲傷」的事。如果死亡是人生的句點，面對將永遠缺席的摯愛家人，活著的我該怎麼繼續快樂地活下去？

「我希望躺在棺木裡的人是我。」父親喪禮後三個月，母親突然這樣對我說。那一刻，我總算把自己從悲傷的情緒中稍微抽離出來。

一直陷在哀傷深淵的我，忽略了自己還有照顧

母親的責任，包括安慰她的悲慟。此時我看著母親的臉才發現，怎麼三個月的時間，她就看起來蒼老了十歲？我難過失去了寵愛我的父親，她失去的是牽手超過半世紀的伴侶，心痛程度應該是我的好幾倍吧？

失去父親又失業的我決定帶著母親出去走走，「爸爸曾經帶妳去過哪些地方？我們就去那些地方走走吧！」

火車上、高鐵中、田野間、水池旁……這些父親帶母親走過的地方，都有他們專屬的回憶。旅行中，母親多數時間是靜默的，偶爾她會指著涼亭座位跟我說：「妳現在坐的地方，就是當時妳爸爸帶我來的時候，他坐的位子。」

父親還在的時候，我跟母親之間的互動並不多。她識字少，有閱讀障礙，我沒耐性聽她說話，常常回她的是：「哎呀！反正說了妳也不懂。不說了！」聽

到這句話，母親就靜默不語了。

爸爸走後，有次我陪母親到銀行辦事，她不會填寫表格，問了我一堆問題，我忍不住脫口而出：「哎呀！我來寫就好了，跟妳說妳也不懂。」我搶過筆來準備填寫，卻看到母親掉下了眼淚。

「如果妳爸在就好了，他都會教我怎麼寫，不會嫌我什麼都不懂。」

那一刻，我羞愧難受到當場落下淚來。她是我母親，把我辛苦養大，讓我接受高等教育，換來的卻是我如此輕蔑地對待她，情何以堪？那句「哎呀！妳不懂啦！」是對母親欠缺知識的睥睨，也是自以為是的傲慢。

從那天以後，每當母親問我問題，我都會認真回答；即使再難解釋的事情，也會想辦法用她聽得懂的

方式，說給她聽。

　　這趟旅行，拉近了我和母親之間的距離。我心想，在她沒有邁入真正的老年、雙腳還能走路前，要帶她去外面看看這世界有多麼美麗；在她意識清楚，還沒有失智之前，要讓她知道，她是被女兒深愛著、尊敬著的母親；在她聽力沒有退化，還能聽到我說話前，要好好地跟她說話。

　　在一切都還來得及的時候，我要讓她知道，她是我最重要的家人。

3

我有病又怎樣！
在憂鬱低谷中，
我學會接納自己

父親過世後，我的憂鬱症一夕之間爆發，有長達五年的時間都處在人生低谷裡。以前的我靠著閱讀梳理情緒，當我專注在閱讀的世界時，可以暫時讓自己從憂鬱、煩躁和焦慮的情緒中解放出來，獲得平靜。但自從父親走後，每當我打開書本，明明上面每個字都看得懂，但卻認不清，根本無法靜下心來閱讀。

家人鼓勵我走出家門接觸大自然，但當時的我舉步維艱，完全不想接觸到人，更沒有半點力氣出門。

我可以一整個月都待在家裡，躺在父親的床上，想著他在彌留之際，想些什麼？在他嚥下最後一口氣前，他的人生是不是像跑馬燈般，在腦海裡快速地閃過？在這快速倒帶的過程中，他或許看到了山東老家的父母、自己親身站上過的抗美援朝戰場，以及一個人飄洋過海來到臺灣後在基隆港登岸時眺望的風景；之後，他在屏東竹田鄉遇見結縭一生的妻子，接著是長女誕生、小女兒的我出生的畫面……

面對死亡一天天迫近的無助，與置身在朝鮮的殺戮戰場，不知道哪一天會死去的未知恐懼，究竟哪一種情況比較可怕？我躺在父親的枕頭上，努力揣測他的想法，期盼能找出答案。

在我憂鬱症最嚴重的時候，即使吃了兩顆史蒂諾斯（Stilnox），晚上也無法入睡。由於夜晚變長了，我給自己一個任務，就是每個整點從床上爬起來，走到距離不到一公尺的另一張床邊，確認躺在床上的媽

媽是否還有呼吸。我已經失去父親，不想再承受失去母親的痛苦，成為人間孤兒。

那段日子，我把行動電話關機了！在父親過世前，有很多緊急突發狀況，讓我必須時常跑醫院；每次半夜接到醫院打來的電話，往往都不是好事。父親走後，直到現在，我依舊不喜歡接聽行動電話。我想要跟這個世界保持一些距離，關上行動電話，至少就可以不再被突如其來的電話鈴聲給驚擾。

沒有電話，沒有朋友，不需要出門，我切斷了一切社交活動與對外聯繫，把自己囚禁在憂鬱的監牢裡。

重新開始找工作，又是另一個挫折的開始。為了照顧父親，我已離開職場超過大半年，想重拾新聞工作卻發現，不僅薪資得重新議價，還必須砍價。現在的我必須照顧母親的生活所需，不再是「一人飽、全

家飽」，有位面試官要求我薪資打七折，當下我真的很難接受。

不願被資方大砍薪資的我，一直處於待業中，這讓我感到很沮喪，覺得自己活得很沒有價值。看到原來同事們光鮮亮麗的工作與生活，像是開了光一般，事事順心如意；而我卻像中了邪似的，從元旦到跨年，天天都是水逆。因為求職碰壁，我的憂鬱症更嚴重，吃的藥變多，想找到下一份工作似乎又更難了，這是一個惡性循環。

後來我答應減薪，只為了盡早結束待業生活，希望藉由工作來轉移注意力。沒想到，有位女同事看到我在聯合醫院松德院區看診，跑去告訴上司：「Sally 有精神病！我陪我父親去看診的時候，看到她就坐在候診區。」

我有病的消息，很快傳遍了整間辦公室，有些人

以關心之名、行刺探隱私之實。當時的我意志十分消沉，能夠在他人面前表現堅強、不掉下眼淚，已經是我所能發揮的最大戰力。面對同事們質疑「我有病」的眼光，我不再用伶牙俐齒來回應，因為，這是不爭的事實。

主管最後以我「不適合面對客戶」為由，明示我要「知所進退」，於是我被勸退了！拿到了資遣費，我再度成為待業一族。

在待業期間，我除了看心理醫師按時吃藥之外，會在精神狀況稍微好一點的時候，有系統地讀一些心理學與探討死亡議題的書。我很想知道，我為什麼這麼害怕死亡？如果死亡是終點、是結束，那麼，我們每過完一天就越接近死亡一天，要如何活得輕鬆自在呢？

《聖經》〈傳道書〉第一章說：「日光之下所

做的一切事，都是虛空，都是捕風。」如果人生是一場空，那我父親的人生算什麼？我活著又是為了什麼？

一直以來，在工作上是以「目標導向」的我，為什麼遇到一場與至親的生離死別，就從此一蹶不振？我很「廢」地生活著，既沒有工作、沒有收入，也對社會毫無貢獻，這樣的我價值何在？如果人的價值是從「具備社會生產力」來衡量，現在的我是否不配活著？

心理學者阿德勒說：「只有在我的『行動』對社會共同體有益時，我才會覺得自己有價值。」《被討厭的勇氣：自我啟發之父「阿德勒」的教導》作者岸見一郎，將這句話定義為「只有在我『感覺』到自己的存在對社會共同體有益時，我才會覺得自己有價值。」

岸見一郎在他的著作《人生雖苦，但還是值得活下去》一書中寫道：「『感覺』有益和實際能否做有益的事無關。」他堅信，人只要活著，就有價值！不必受「把生產力當作價值」的思考方式束縛。換言之，在岸見一郎的觀念裡，需要人照顧的小嬰孩、生活無法自理躺在床上的老人，以及世界排名第一的企業富豪，他們的生命價值都是一樣的。

　　我在精神科看診的失業日子超過一年之後，終於有份海外工作向我招手了。這是一家因為拖欠員工薪資惡名遠播、被臺灣新聞同業唾棄的電視臺，但對於走投無路的我來說，只要能領到薪水就好。這是當時的我在茫茫大海中唯一看到的機會，也是我僅有的救生圈。

　　事實上，對於沒有選擇的人而言，沒有「要」或「不要」的問題，擺在眼前的現實是：我根本要不了，也沒得挑。

重回職場之後，我的憂鬱症稍微好轉了一些，在澳門工作期間，我持續每三個月回臺一次，按時回診吃藥。有了被前公司勸退的經驗，這次我小心翼翼地不讓任何同事知道，我有病。

父親過世迄今整整十年，我沒有走出憂鬱，依舊要靠藥物才能入睡。但我不再害怕讓人知道「我有病」，因為我知道，這世上每個人都有病，差別只在於有些人假裝掩飾得比較好而已。我還是那個「目標導向」的我，但我已經能接受自己的不完美與失敗，因為人生最重要的事，就是成為我自己！

人生無常、世事多變，父親的死亡，讓我跌出了外人眼中所謂的「人生勝利組」行列；但這五年來的生命陷落，讓我開始能夠體會他人的難處，學會感恩。倘若現在的我能帶給別人一絲溫暖的安慰，都要感謝那五年的傷痛經驗。

4

沒有人的人生是一帆風順的，
面對失敗挫折，
你不一定要堅強

　　我的好友曼麗在她的人生攀上了事業高峰後的半年，在一次公司例行體檢時發現自己罹患癌症，那年她四十五歲。看到報告後，她拿出媒體人處理新聞的果斷作風，火速地進行腫瘤切除手術。單身的她，為了不讓獨居的母親擔心，聘僱了一位臨時看護，從手術到後續化療，都由這位看護在一旁陪伴照顧她。

　　「所有的悲傷、憂鬱是從手術後開始的。」曼麗說。

公司同事們只知道身為總經理的她生病請長假，除了董事長之外，沒人知道她罹癌。之後，曼麗關掉了行動電話、關閉了社群媒體，同事、朋友和客戶都找不到她，也沒人知道她現在的情況。

　　「得知罹癌的那一刻，我只想封閉自己，不想讓任何人知道我生病了。我覺得罹癌對我而言，是人生徹底的失敗，我能想到的事就是死亡，我還能活多久？為什麼是我得癌症呢？我這輩子都靠自己努力，才有了今天這一切成就；我從來沒有害過人，為什麼老天要懲罰我？」自怨自艾的曼麗哭著向我訴說她的心情。

　　我離開老東家已十多年，當曼麗完成手術、準備進行化療前，我接到了她打來的電話，而過去一起共事的情景，也一一浮現腦海。

　　曼麗跟我有相同的家庭背景，她的父親是退伍

老兵、母親是本省籍，父母年紀相差二十多歲。她父親在五十歲的時候生下她；我出生的時候，父親四十歲。我們都是在父親的疼愛和呵護下長大的么女，而我們的父親也在同一年九月過世。

除此之外，我們的個性也有相似之處，好勝心跟執行力超強，討厭囉嗦；相對地，我們也缺乏耐心，不容許自己表現出軟弱的一面，「堅強」是我們在職場上永不脫卸的盔甲。

曼麗習慣朝著訂下的目標勇往直前，不容許一絲錯誤與拖延。但是面對攸關生死的疾病，即使她的意志力再堅強，也不得不接受自己的生命被迫按下了暫停鍵的無奈。

後續的化療，把曼麗的身體摧殘得不成人形。除此之外，心理的打擊更大。「當我連大小便都需要看護幫忙的時候，我真的覺得活著還不如去死！」一個

曾經在職場上呼風喚雨的女強人，連生活中最基本的小事都無法自理，著實令人心疼。

「最大的憂鬱是，我不知道我會不會好？會不會完全恢復健康？還是我的身上被放置了一顆不定時炸彈，就算切除腫瘤、完成化療後，癌細胞還是可能在某個時間點復發和轉移，然後再繼續抗癌的過程，不斷輪迴受苦，最後還是不免一死！」

當曼麗感到抑鬱的時候，我只能安靜地在一旁陪伴她。我不擅長安慰人，當憂鬱浪潮來襲的時候，那些「加油」的話，聽起來就跟郵件末尾寫著「敬祝平安順利」的祝福詞一樣空泛、不切實際。

當憂鬱如潮水湧來，激起了情緒亂流，你不妨先回過神來，回想半小時前，自己在做什麼？處在什麼樣的環境裡？有時光線、聲音或談話的主題甚至某些畫面，都會觸動憂鬱的開關。憂鬱有一定慣性，當你

察覺到這個情緒開關即將啟動時，請立刻離開現場，或想辦法轉移一下自己的注意力。

當這些做法都不成功，無法幫助我防範憂鬱，一不小心又落入了憂鬱悲傷的陷阱之中，我能做的就是像郭強生的書名一樣：「何不認真來悲傷？」與其不讓自己淹沒在憂鬱的浪潮裡而奮力掙扎，何不讓這股大浪迎面襲來，將自己徹底被悲傷圍繞，好好地痛哭一場。

卸下偽裝的堅強，誠實面對自己內心的恐懼與軟弱，才能得到真正的平靜。

人生不管遇到什麼坎，像是離婚、失業、親人驟逝或罹患重大疾病，請相信，這些事情都不是上天為了懲罰你而發生的，也不是你的錯。如果你因此罹患身心症，一定要尋求專業醫師的協助。你需要的是自我療癒，而不是自責。

作家安東尼・威廉在《醫療靈媒：慢性與難解疾病背後的祕密，以及健康的終極之道》一書中提到的靜心方式，或許能夠幫助你透過跟宇宙大愛的連結，獲得身心療癒。

做法一：在海灘觀浪

在海灘上站著、坐著或走著，觀看潮來潮往，可以到達極佳的靜心狀態，對於擺脫創傷後壓力症候群，特別有效。試著觀想每一波海浪都是一道療癒靈魂的能量，讓它洗滌受傷的情緒；當浪潮退去，把那些不愉快的記憶也跟著沖進大海裡。

做法二：走進綠地，被樹木圍繞

走進公園，把思緒放在聳立樹木的根部，想像著它從土壤深處汲取礦物質與水分，往上通過樹幹、再到樹枝。感受一下自己被這個土地深處的能量給包

圍，觀想一下樹根從你的腳底長出並深入大地之母的懷抱中；等到你以直覺充分感受到自己可以結束這神聖的「落地」體驗時，在鬆開連結離開前，想像自己可以讓根在土地裡被保護留存，這些根也是你的一部分。超越所有的時間與空間，無論你在哪裡，你都能從它們在土地中的位置，汲取療癒的能量。這是「落地療法」，幫助人產生被宇宙保護的安全感並獲取正能量。

做法三：想像自己像鳥一樣自由

安東尼・威廉說：「鳥鳴是音樂最神聖的形式，可以修補破碎的靈魂，產生深層的共振。」看著鳥在空中自由飛翔，感受自己的靈魂也可以衝破悲觀的牢籠，在宇宙間盡情翱翔。

做法四：撿小石頭

在戶外撿兩、三顆你喜歡的小石頭，在石頭上貼上你想清除的情緒標籤，例如：嫉妒、恐懼，放在床頭櫃上與它們共處。當你感覺到這些石頭已經完成任務，你的負面情緒有所改善的時候，就把這些石頭放回大自然，告別負面情緒。

做法五：做日光浴

晒太陽，能讓人心神鎮定，感受到溫暖。你看貓狗有多麼喜歡晒太陽，就知道陽光具有療癒效果。

做法六：種植花草

養花植草可以讓自己貼近土地，感受到花草成長所帶來的生命喜悅。在拔雜草的過程，請觀想每一株雜草就是一個負面思想，拔除一株雜草就等於除掉一

個負面能量、一個傷痛的記憶。

　　大自然是上帝送給我們每個人最好的禮物，當憂鬱悲傷的情緒來襲時，記得，抬頭看看天空，感受一下微風吹拂而來的涼爽，從大自然中找回身心安頓的力量。

5

因為愛你，所以替你拔管：
替自己預做「善終」的決定

　　我父親在離世前，有將近兩星期的時間是處於昏睡狀態。父親走後，母親突然跟我說，她想預立醫療決定，不想把這道艱難的人生選擇題丟給孩子。

　　「如果要插管、氣切、電擊才能救活我，請不要用這樣的方式延長我的生命，讓我用安寧的醫療方式，好好走完我的人生。」母親說。

　　那段陪父親進出醫院的日子，我常在急診室看到

一些六神無主的患者家屬，必須替摯愛的家人在病危時做出最關鍵的決定。

當醫師一邊詢問他們願不願意讓患者接受電擊、插管搶救時，一邊說著，就算救回來也有極大可能變成植物人或只是暫時延長生命，「要搶救？還是讓他安寧和緩地走？請家屬做決定。」聽到醫師這樣問，家屬除了哭泣、心慌之外，最常看到的場景是：你看我、我看你，沒有人敢第一個表示意見。

我曾看到一位年長者的獨生女跟她年邁的母親，聽到醫師詢問之後，兩人當場抱頭痛哭。

這位老先生清早出門運動，被卡車撞到，緊急送醫。醫師研判他的傷勢嚴重，就算生命勉強搶救回來，有一半以上的機率會成為植物人。他平常有運動的習慣，身體狀況還算不錯，從來沒跟家人討論過「死亡」這件事，「爸爸從沒交代他想怎麼走，我不

敢做決定。媽，還是妳決定吧！」女兒把難題交給了母親，母親心裡一陣慌亂、焦急又難過，要如何理性地替老伴決定生死大事呢？

很多老人家忌諱談生死，年輕人則覺得死亡距離自己還很遙遠，不需要談論這個話題。儘管大家都知道生命無常，但在不碰觸、不討論的情況下，導致臺灣 2,300 萬人口中，只有 36 萬人，預立醫療決定。

沒有預立醫療決定，很容易讓家人陷入紛爭，甚至造成家庭失和。

我的前公司董事長是家族中的長女，當她接獲父親車禍命危的通知，趕到醫院時，她母親已經驚嚇到昏倒，不能替老伴做決定；而其他手足都在哭泣，沒人敢替父親做抉擇。

女董事長鎮靜地聽完醫師分析，請醫師讓她見

躺在手術臺上的父親一面。她看到老父親的腳已斷、臟器外露，臉早已血肉模糊，她握緊住父親的手，在他的耳邊說：「爸，我愛你，謝謝你，不要再受苦了，我會照顧媽媽，扛起這個家，你安心走吧！」

女董事長放手讓父親離開人世的決定，讓母親及她的手足極度不諒解，甚至把她列為家族中的不受歡迎人物。任憑她怎麼解釋，也擺脫不了「終結父親生命殺手」的罪名。

「也許當時能把爸爸的生命搶救回來也說不定，為什麼要放棄？妳憑什麼決定爸爸的生死？實在太不孝了，妳不怕將來下地獄嗎？」其他手足怒罵這個勇敢做出決定的大姊，卻忘了當初是自己選擇緘默，不敢扛起替父親做醫療決定的責任。

我有位朋友曾經交代她的孩子，當生命大限到來的時候，請讓她安寧和緩地走。而當她生命垂危時，

孩子卻捨不得放手，堅持插管搶救母親。

躺在病床、身上都是維生管線的她寫下了請求孩子讓醫師拔管，讓她好好走的字條。「請幫我拔管，因為我愛你。」母親用盡力氣寫下這行歪斜的字，對孩子來說，是此生最沉重的告白。然而，這行字也釋放了孩子心中巨大的壓力，降低了罪惡感，讓他們能順從母親的心意，幫助她走完人生最後一哩路。

這位朋友活著的時候，從不向命運低頭，努力拚搏事業，翻轉了自己的人生，並且得到良好的社經地位。當生命大限來臨時，她選擇順應天命，俯首稱臣，堅持不急救、不插管；有尊嚴地活，也要有尊嚴地走。

很多人一生都在尋找生命的意義，也努力讓自己活得有意義，但是否也該想想，當生命即將到站的那一刻，該如何「善終」？我在醫院看多了生離死別

的場面，在此勸告大家，如果你真心愛家人的話，請不要把這個為難的決定交給他們。在你意識清楚的時刻，請預立醫療決定，為自己人生的最後一哩路做決定，這是愛自己也愛家人的表現。

6

生命中的每一個際遇，
不論好壞，都有它的意義

　　如果不是那場意外的醫療疏失，臺大醫學院第一名畢業的他，還是那個意氣風發的外科醫生。他曾是師長眼中最耀眼的明日之星，卻因一次無心的失誤，讓他不得不放下在臺北的一切，來到這個鄉下小鎮，從零開始他的行醫生涯。

　　在大醫院工作的時候，陳醫師走路都有風，他在手術臺上開的刀都是高難度的挑戰，就是那種會記錄在外科醫學研討會上供其他醫師學習的典範；而在這

個沒沒無聞的小鎮醫院，他只能在門診看些無關緊要的病痛，小鎮居民就算生了大病，也是選擇到大醫院就醫，動手術治療。

「外科之光」的封號，對陳醫師來說，已是過往雲煙，也是他不願提起和回想的往事。當一個人落難的時候，不要說別人會投來異樣的眼光，就連自己都瞧不起自己。篤信基督教的護理部主任常用一句《聖經》的話來鼓勵他，「忘記背後，努力面前，向著標竿直跑。」而陳醫師聽了總是微笑不語。

護理部主任是這家醫院唯一對陳醫師雪中送炭的人，正確地說，應該是唯二，因為她已經懷孕二十週，肚子裡有個即將誕生的小生命。

有一天他們在診間工作時，護理部主任突然感到視線模糊，接著不支倒地，癲癇發作。陳醫師一看，研判可能是妊娠毒血症（Eclampsia），經過檢查

確定是妊娠毒血症引起的高血壓造成顱內出血，昏迷指數2T。他當機立斷做出了決定，「先把孩子拿出來，結束妊娠，再救媽媽。」這是小鎮醫院成立迄今，面臨最大的醫療挑戰。

在手術中，陳醫師把護理部主任的頭蓋骨拿掉，降低腦壓，把血塊清除乾淨，但因她的腦水腫太嚴重，頭蓋骨放不回去，只好將頭蓋骨冰凍保存，等到情況好轉後，再放回原位。

這段等待期間，沒有人知道護理部主任到底能不能存活下來，她的丈夫每天到加護病房探視她，把手機裡錄到的新生兒哭聲放給她聽，希望喚起她的求生意志，「孩子跟我都等妳回家團圓！」他緊握著太太的手，但她毫無反應。正跟死神拔河的她，勝負未卜。

眼看著護理部主任的昏迷指數不見上升，其他醫

師紛紛提出了質疑，「不知道院長幹麼收留一個在手術臺上造成醫療疏失的人？護理部主任如果送到大醫院開刀，說不定現在早就已經清醒了。」有人請護理部主任的丈夫要做好心理準備，「你太太就算救回來了，也極有可能變成植物人。你應該認真想想是要繼續救她？還是放棄？植物人對一個家庭來說是很大的負擔，你還有個新生兒要照顧，真的要想清楚接下來該怎麼辦才好……」

護理部主任的丈夫面容憔悴地問陳醫師：「我太太能恢復正常的機率有多少？你說實話，我能承受。」陳醫師語氣溫和、態度堅定地說：「我有信心，她會好的。」

早產初生嬰兒的細微哭聲，每天都在護理部主任耳邊響起，這是她期待已久的小生命，也是她放不下的牽掛。或許是做母親的強烈使命感喚起了她的意識，她的昏迷指數開始逐漸上升，從昏迷中醒過來

了。醫院召開了一場記者會，讓社會大眾知道偏鄉小醫院也有能力處理高難度的手術，陳醫師則從一個被同行質疑開刀技術有問題的醫師，瞬間成為了媒體爭相報導的紅人。

在確認護理部主任病情完全康復後，陳醫師突然離開了小鎮醫院，沒人知道他的去向。心懷感恩的護理部主任在他的手機裡留言：「謝謝您救了我跟我的孩子，您是上帝派來給我的天使。您是大醫師卻來到這個小醫院，好像是專門為了救我而來，現在任務完成了，您應該回到屬於您的大醫院，去救更多的人，謝謝您！」

這個在小鎮之間流傳的故事，令我聽了十分感動。

現在的你，或許正庸庸碌碌地過著一成不變的生活，你可曾想過，這生來到世上的任務是什麼？又是為了什麼而來？

人生中有許多因為挫折失敗而感到失落和自我懷疑的時候。你也許不明白，上帝為什麼要把你放在一個令你感到痛苦的位置；你很想掙脫眼前的困境，卻又改變不了現況……但是別著急，也不要輕易就否定自己，請相信人生中的每一個際遇，不論好壞，都有上天的美意在其中。儘管當下我們無法明白事情發生的意義是什麼，甚至充滿了怨懟，但是走過這段坎坷崎嶇的道路之後，再回頭看，你會發現，它是讓你脫胎換骨的力量，因為這場蛻變，你成為了那個更好的自己。

7

女人一定要有房子，
有房才有底氣！

「不管單身還是已婚，女人一定要有自己的房子。」我的好友珊珊在遭遇父母接連過世的打擊後，這樣跟我說。

珊珊是長女，有一個弟弟長期在四川成都工作，娶了成都女子為妻。珊珊本來有一份薪水不錯的工作，做到了部門經理的位子，年薪超過 200 萬。在父母一夕之間病倒前，她的生活重心就是工作，目標是做到一人之下、千人之上的副總經理高位。

父親中風讓珊珊的人生有了變化，她不斷在家裡、醫院、復健中心與公司四個地點奔波。原以為可以一個人應付得當，卻在母親出現失智症狀之後，不得不在工作與照顧父母之間做出抉擇。

「我弟弟跟我弟妹剛生了一對龍鳳胎，他們有經濟壓力，必須工作。臺灣的薪資水準滿足不了我弟的期待，他拒絕為了照顧父母放下工作，頂多匯點錢表示孝心。」於是，珊珊認命地扛下了照顧雙親的責任，聘請了一位看護，照料他們。後來她想，之前的積蓄應該夠用，能夠陪伴父母的時光已經在倒數之中，不想徒留遺憾。所以，她沒有考慮太多，就把工作辭了，回家擔任全職照顧者。

未婚的珊珊一直與父母同住在三房兩廳的公寓裡，原先弟弟的房間現在成了外籍看護睡覺的地方。珊珊的父親過世不到一年，母親接著也走了，珊珊辭退了看護，一個人住在偌大的公寓裡，常覺得冷清。

Covid-19 疫情爆發初期，珊珊的弟弟突然攜家帶眷返臺，他說成都的公司辭退了臺幹，不得已之下，要搬回臺灣找工作。他們一家四口擠進父母留下的老公寓，珊珊還是住在自己原來的房間裡，父母的房間給弟弟跟弟妹住，他們的一對龍鳳胎兒女則住進珊珊弟弟原本的房間。

　　弟妹一開始對珊珊很客氣，但隨著相處時間久了，摩擦也越來越多。習慣安靜的珊珊得忍受龍鳳胎的吵鬧不休，弟妹看到丈夫待業，開始擔心經濟來源，兩人常常為了錢爭吵。家事該怎麼分攤也是一個問題，珊珊可以無怨無悔地照顧父母，但做不到替弟弟、弟妹一家子洗內衣褲。

　　同在一個屋簷底下生活不到半年，弟妹四川人的嗆辣個性就爆發了，她點名珊珊應該搬出這個公寓，「妳弟弟是妳家裡唯一的男孩，爸爸媽媽突然走了，雖沒來得及交代這公寓要留給誰，但我估計，肯

定不是留給妳。我們家孩子一男一女，總不能永遠住在同一個房間，妳就騰個地吧。」弟妹直接挑明地和她說。

珊珊望向自己的弟弟，他低頭看手機，一副事不關己的模樣。龍鳳胎已經會說話了，聽到媽媽說應該一人一個房間，高興地喊著：「大姑姑，我要搬進妳房間啦！再見！」

那次之後，珊珊待在這個生活了四十年的公寓裡，突然有一種無家可歸的感受。「我是 homeless at home。」珊珊找我訴苦，我實在不知該怎麼幫助她才好，只能安慰她不要放在心上。

照顧父母期間，我從不曾看到珊珊露出一絲疲憊的神情，她總是穿著職場女強人的盔甲，跟父母的老、病、死作戰；但是對於自己手足的無情，她的武裝全繳械了，「虧我弟弟敢跟我爭房子，我爸媽生病

期間，他一毛錢也沒出，原本講得好聽說會出錢表達一下孝心，結果都是我在出錢出力。」珊珊在勾心鬥角的職場中身經百戰，很懂得人性，也知道該怎麼抗爭，但面對自己的親弟弟，她下不了手。

越親近的人越知道如何深入要害，給你最後致命的一擊。珊珊眷顧手足之情，甘願被親情綁架，但弟弟與弟妹在乎的不是「情」，而是「房產」！

珊珊找我訴苦完當天，她剛下計程車回到家門口，就看到自己的行李箱被放在馬路旁。「我弟弟和弟妹幫我打包好了，要我今天晚上就搬出去。」珊珊在電話裡氣到哭，我只能勸她：「妳來我這裡先住一段日子，我幫妳一起找房子吧！」

後來珊珊買了一間小套房，空間雖小，但一個人住已足夠。有了居所，她開始找工作，「總得有個經濟來源吧！」照顧父母已經花掉珊珊一大筆積

蓄，現在買下了房子，又是一筆花費，重返職場成為首要之務。

「人到中年，凡事難」，這是珊珊的心得。當妳以為自己的積蓄應該足夠下半輩子花用，但一場人生中突如其來的災難，會讓意外支出大增。偏偏就業市場對於中年人向來不友善，這時找工作，只能先求「有」，而不能在意薪資數字。

「我現在從行銷專員開始做起，拿的也是專員的薪資，必須忘了自己曾經做過經理。重回職場，心態也要歸零，不然日子真的過不下去。」珊珊的話，一語道破中年人重返職場的困境。

房價高漲，有些大齡單身女性為了省錢，選擇與父母同住。當父母健在的時候，沒有人會趕她們走；但是一旦父母不在了，除非他們離世前指名把房子留給女兒，否則手足爭相搶房產，很難搶贏有

家庭、有小孩的兄弟姊妹。

　　所以，努力工作，為自己買房吧！不管妳是單身還是已婚，女人都要努力有間屬於自己的房子。單身女子有房，不怕被手足趕出家門；已婚婦女有房，不必擔心跟老公吵架後，無處可去，是人生中最划算的投資。

8

誓不認輸的一群人：
我的越南同事們

　　每次當我穿梭在大街小巷中，聞到魚露的味道或吃到河粉（Phở）時，腦海中頓時浮現的畫面，一秒就能將我帶回到那段在越南工作的時光。

　　到越南工作之前，我的公關生涯已走到了盡頭。那是 2016 年，我四十七歲，接到獵人頭公司來電，問我有沒有興趣到越南工作？在此之前，我沒有去過越南，對越南的印象，仍停留在法國作家莒哈絲小說《情人》筆下曾被法國人殖民過的越南。

當時的我無路可走又必須有一份工作維生，此時對工作有沒有「興趣」不是重點，重要的是我「需要」這份工作來養活自己。眼前只有這一個機會，沒有其他選擇，我必須全力以赴爭取不可！最後，皇天不負苦心人，我從國內外五家獵人頭公司推薦來自各國的眾多人選當中勝出，拿下了這份工作。

在所有應試者裡面，我的英文程度不是最好的，管理能力也不是最強的，但我唯一的優勢是，在面試前，曾在 2014 年跟這個集團的董事長見過面。當時這個集團透過一家獵人頭公司，想找到一位技術長到這個集團經營的有線電視系統工作。獵人頭公司沒弄清楚獵才方向，就把我的履歷送到這家公司，我的專長是負責有線電視的內容生產與管理，完全不懂技術面，根本不符合這次徵才的條件，但該集團董事長看了我的履歷後，還是約了我去面試。

「我預計兩年後要買下一家電視臺,希望透過妳多知道一些電視臺的生態環境,提前了解電視內容的生產與製作。」董事長當場直白地跟我說。

儘管知道白跑了一趟,我還是跟他大方分享二十多年來從事電視工作的感想,以及我看到的電視產業發展現況與危機。明明是技術長的面試,卻變成了一場內容製作者跟老闆的會談。結束談話後,董事長知道我特別從高雄搭高鐵北上,參加這場明知找錯人又不會被錄取的面試,而我願意出席這場面試,認真地回答每一個提問,讓他非常感動,也因此對我留下了深刻印象。

兩年前無心插柳、無私的經驗分享,竟然在兩年後,成為我意外出線的原因。董事長面試時一見到我就說:「兩年前我就告訴妳,兩年後我會買一家電視臺,現在我買了,就要看看妳有沒有能力當這家電視臺的總經理,幫我經營管理它。」聽到這樣的開場

白，我心裡有了十拿九穩的把握，有信心會拿到這份工作。

果然，不久後我就收到了錄取通知。

我工作的這家公司，是一家以越南語為主、偶爾用英語報導的財經新聞臺。我是這家電視臺裡唯一的外國人。我的越南同事們都具備大學或碩士學歷，會講英語是基本條件，許多同事還會其他第二外國語。在我的部門當中，有兩位同事會講中文，其他同事則會韓語或日文。

這些同事以女性居多，這也符合越南非政府組織「發展與融入中心」公布的一項調查結果：越南婦女的勞動參與率超過 70%，高於全球平均的 42%；而我工作所在的胡志明市，女性勞工人數佔越南總勞動力的 48.4%。我在拜會其他媒體同業時也發現，媒體工作者幾乎一半以上都是女性。

越南的女力實在不容小覷，以我的同事為例，她們的平均年齡是二十六歲，具備大學學歷，以及會說多種外語的優勢和競爭力。自尊心和好勝心很強的她們，在工作上自我要求也很高，如果工作結果不如預期，她們會表現出一副相當自責的樣子，這時主管如果想要檢討她們的錯誤，最好還是關起門來，進行一對一的談話。

　　我剛到越南工作時，因為已習慣了臺灣新聞臺的檢討文化，所以每天都會開工作檢討會，也就是新聞播出後，大家開誠布公地討論節目缺點，提供建言。可是在越南電視臺，這些同事們自尊心都很強，不太能適應這種被公開評論的方式。她們認為，「我在工作上已經盡力了，也知道自己哪裡沒做好，為什麼還要被公開批鬥呢？」這是一位女同事在我主持的檢討會結束後，當晚遞出辭呈時跟我說的話。

後來陸續有同仁跟我反應，這種公開檢討新聞作業的方式，很傷他們的自尊心，希望我改變一下開會形式，變成一對一或小組檢討。

　　最後的結果讓我明白，就算改變開會形式也沒用，因為同事們的自尊心強到根本說不得，也聽不進去。儘管我已經盡量做到「對事不對人」，但只要一點出哪裡沒做好，或哪個部分可以再加強改善，雖然他們當場低頭不語，走出了會議室，最慢一個小時，通常是半小時內，我就會收到當事人的辭呈。

　　當越南同事遞出辭呈時，就像千軍萬馬一樣拉不回，任憑你拿出加薪或升遷條件利誘，他們還是不為所動，絕對要一路好強到底。

　　而他們能夠這麼有底氣，說辭職就瀟灑地離開，都是拜越南經濟成長之賜。越南近年來被譽為東南亞發展最快速的國家之一，在我工作的 2016 年至 2019

年期間，越南的經濟成長率在 6.5% 至 7% 之間，
2019 年的失業率則是 2.05%，同年，臺灣的失業率
為 3.73%，比越南的失業率高出 1.68%。

2018 年及 2020 年越南分別簽署了「跨太平洋夥
伴全面進步協定」（CPTPP）及「區域全面經濟夥伴
協定」（RCEP），奠定了越南在國際貿易與吸引外
資投資上的競爭力基礎。這幾年，隨著韓國與日本加
大對越南的投資，韓商與日企大舉徵才，讓具備多國
語言能力的越南年輕人，有了更多的就業選擇。一旦
有了選擇，就能在遇到職場問題時，嗆聲說「我不幹
了」、「明天就不來了」。所以，我在越南工作最大
的煩惱就是不斷徵才，同仁們只要工作上有一點不如
意、或出現更好的選擇，就會毫不戀棧地遞上辭呈；
對他們來說，工作機會處處都是，不用擔心會有失業
問題。

當一個國家經濟良好的時候，年輕人自然充滿朝氣活力，更願意為自己的前途拚搏。他們知道，只要努力就看得見成果，得到的報酬也能跟付出成正比。我從越南同事身上觀察到一個有趣的現象：一個國家有沒有希望，就看年輕人有沒有活力；其實，就是看他們手上有沒有工作選擇權，有了選擇就有希望。當社會和經濟發展欣欣向榮，國家也有了更璀璨、值得期待的未來。

9

人生不只有 A 選項，
你敢不敢成為
你夢想藍圖中的樣子？

　　我在收視率全臺第一名的新聞臺工作時，公司內部曾經流傳著這麼一句話：「女生當男生用，男生當畜牲用。」這句話沒有任何貶低男性的意思，而是表達了在這家新聞臺內，沒有柔弱的女性，也沒有吃不了苦的男性，只有為了跑新聞而勇往直前、衝鋒陷陣的媒體人。

　　在電視新聞圈裡，幾乎每個人都是野心勃勃的工作狂，很少碰到性格內斂害羞的人。企圖心旺盛、好

勝心強、思慮縝密又有執行力，是一個優秀新聞記者必備的特質和條件。所以在新聞臺裡沒有人歌頌「溫良恭儉讓」，大家只在乎是否能夠「搶獨家、爭第一」！

在這樣的工作環境裡，打滾了二十多年，我承認自己是一個有心機且作風強勢的人，做任何事都有明確計畫，也抱持強烈的企圖心。我討厭那些「小甜甜」型的心靈雞湯作者說：「人生不必有目的」或「沒有夢想的人生也很好」。

通常會說這種話的人，不是有富爸爸當靠山，就是有其他更好的出路。這就像學生時代遇到那些騙你說「我都沒念書也沒準備」卻在考場中考了第一名的同學一樣，他們已經騙過你一回，請你別再中招第二次！

人生有夢，築夢踏實，沒有夢想的人生多可悲！如果活著沒有目的也沒有目標，今天就跟昨天一樣，對於明天也不必有任何盼望。日復一日地吃喝拉撒睡，消磨了心志，沒了動力，也失去了學習動機，然後你還滿懷希望地相信那些擁有得天獨厚條件的小甜甜們說的：「命運總會帶給你驚喜，引領你走到一個想不到的地方。」我想，在命運帶來驚喜之前，你已經飽受現實生活的驚嚇，落入自己也意想不到的痛苦深淵。

　　我不是倡導大家過苦行僧的生活，也不是鼓勵你必須汲汲營營於名利的追求，但我真的相信，人活著要有目標、要有夢想，而且「有夢就去追」！

　　每個十年，我都會給自己訂下一個明確的目標，有了目標之後，我的心裡就有了一幅清晰可見的藍圖：我能看見自己十年後的樣子。這堅定了我的信心，儘管十年還沒到，我仍然深信，我一定會成為我

想要的樣子。

　　《聖經》〈希伯來書〉十一章說：「信就是所望之事的實底，是未見之事的確據。」我期望達到的目標，儘管還沒有看見成果，但我信心滿滿地知道，我已經走在實踐夢想的路上了。

　　這幅刻畫在內心的成功圖像，是驅動我前進的力量，也是我喜樂的泉源。當我望向十年後的目標，覺得歲月漫漫、路途遙遠的時候，它一直在向我微笑招手，彷彿十年後的我正等待著現在的我，走向她。

　　滿懷自信，是邁向目標的第一步。連你都不相信自己能成功時，往往就不會成功。我在辭掉越南的工作、回臺灣結婚前，就先找到了國立東華大學的教職，讓我一回來就能無縫接軌地繼續工作。當時，我主動寫信給國立東華大學的系主任，信上不僅附上我的履歷表，還寫了一份完整的教學企畫。這份教學企

畫把一學期十七堂課的內容，一一表列寫清楚，我連每堂課需要用到的影片及參考書目都羅列出來，一併寄給系主任。

我的教學企畫書寫得非常詳盡，因此系主任回信的時候說，他看到這樣一封求職信非常感動，因為他已經「看見」我如何教完了一學期的課程。

我在面試每一份工作前，抱持的心態是：我一定會被錄取！我以「我已經被錄取」的心態，面對這份我想要爭取的工作，然後再去面試。這跟其他人的面試心態不同，一般人是先通過面試，錄取後再去思考下一步該做些什麼。

沒有僥倖，也沒有懸念，就這樣，我順利成為東華大學的講師，因為我是抱持著「已經上任」、「已經當老師」的心情去面試的。當我還沒有被錄取的時候，就已經看見我被錄取了，這是內心描繪的成功圖

像帶給我的超能力，分享給大家。從現在開始，你不妨想想，十年後的你，想成為什麼樣的人？請在腦海清晰描繪這幅圖像，並且展開行動吧！

　　人生就像是一場馬拉松，在這場賽程中，做一個有企圖心和執行力的人，能夠幫助你勇往直前。衡量你人生好壞的，並不是你在什麼年齡完成了什麼事，而是你能否一直走在實現目標的路上。

10

有一種成功叫做
「君子報仇，十年不晚」

　　我在新聞圈工作了二十多年，遇過無數的記者，在我帶過的記者之中，有幾位還成了某縣市政府的發言人。其中一位「阿信」記者，我真心佩服她，她用鍥而不舍的努力，加上「機會」與「運氣」對她的疼惜，成功報了十年前的仇。

　　我們相遇是在 2004 年，一家收視率墊底的新聞臺。她的個性沉穩又老實，有著中部人特殊的海口音，當時電視臺的記者，雖然已不再被要求必須字正

腔圓，但在配音方面，發不出捲舌音ㄓ、ㄔ、ㄕ，還是讓她的記者路走得比其他人辛苦。

儘管有捲舌音障礙，並不影響她成為一個好記者，尤其她很能吃苦耐勞，別人不願意去的新聞現場，她就死守在那裡。「天公疼憨人」在她身上得到了印證，很多獨家大新聞就是這樣被她等到、拍到的。

後來我有機會得以重返老東家，帶著她一起上任。在公司裡，她很安靜，從來沒跟人說：「我跟Sally姊怎樣熟又怎樣……」；我們平常除了工作之外，沒有私人對話，我也從來沒因為她是我帶進來的人，而給予她特別的待遇。

儘管我們在工作上秉持著公事公辦的原則，但看在其他人眼中，我們就是「一國的」。當時是新聞部經理找我回老東家擔任採訪中心副主任，我的直屬上

司是採訪主任。這位主任有個愛將主跑行政院，在工作上他只聽主任的調派，把我當作空氣就算了，連我帶來的人，他也一併排擠。總統府、行政院、民進黨的採訪路線，也就是府、院、黨記者，平常是互相代班的關係，主任愛將休假的時候，就由我帶來的阿信記者代班、負責行政院新聞。

有次主任愛將在休假前說：「我明天休假，行政院長沒有行程也沒有任何新聞可以採訪，不必派代班人看守。」他把自己的採訪路線保護得固若金湯，不准任何人碰，尤其不准她擅自踏進雷池一步。

那天，我也排休假。她跟採訪主任回報了一則獨家新聞消息：「內閣即將進行小幅度改組，我有兩個部會首長的接任人選確定名單。」她跟採訪主任說，請讓她跟攝影記者去院長官邸前守候，應該可以拍到一些新聞畫面。

主任一心護著自己的愛將，「既然是獨家新聞就不急著今天發，可以等主線記者休假回來後再進行。妳今天去跑別的新聞吧！」阿信記者不甘心被打壓，自行帶著攝影記者到院長官邸站崗，果然被她拍到接任部長人選的座車進入官邸，她的獨家報導成了隔天各大日報的頭版頭條新聞。

　　當一個人正享受成功的喜悅時，往往就是引燃另一個人嫉妒之火的導火線。

　　主任愛將請主任強制處分女記者，理由是：「不聽採訪中心主任的調度，任意行事，踩踏同事採訪路線，破壞主線記者與受訪者的信任關係。」愛將說，他也知道內閣小幅改組一事，但已答應提供新聞來源的線人不搶先曝光這個消息，避免造成部長接任人選的困擾，「她要立功，想讓同業知道她很厲害，就可以這樣破壞我的採訪關係嗎？」愛將強力要求上級對女記者做出懲戒，主任也真的處分了

這位跑到獨家新聞的記者。

實情是，愛將根本不知道有內閣改組這回事，他一心想當主播，仗著自己跟上司的關係良好，每天下班就等著練習播報，荒廢採訪路線已久。當他發現代班人比自己表現更厲害的時候，面子掛不住，只能使出排擠的手段。阿信記者的反應是不申辯，也沒向任何人哭訴。被記申誡的隔天，她把辭呈交給了我，「謝謝妳的照顧提攜，我要自己出去闖一闖了，這裡不適合我。」

這一別，我有十年的時間沒見到她。再次看到她的消息，是從媒體報導中得知，她成了某縣市政府的發言人；而那位主任的愛將，如今還在那家電視臺窩著。隨著主任離職，在權力的交替之下，他不再是當權者的愛將，被調離了原有的單位，更沒當上他夢寐以求的主播。

你是否想過，十年後，你想成為什麼樣的人？而那些存心陷害你、用力排擠你的人，十年後，又會在哪裡？你不必為了那些不公平的對待而感到灰心氣餒，因為最終你會發現，這是你一個人的戰場，那些曾經打擊傷害過你的奸人與小人，早已不知去向。就算他們消失在茫茫人海，你也無心打探他們的現況，因為你的成就早已超越他們不只十年的距離。

　　在人生的舞臺中，只有你能決定自己的位置。能夠笑著活到最後的人才會發現，人生中最痛快的事情是：那些踢你一腳、等著你跌倒看笑話的人，到頭來，只能抬起頭來仰望你。

11

婚姻不是人生的全部，
幸福的樣貌因人而異

　　我在第一本書《每道人生的坎，都是一道加分題》中提到，我從三十歲開始，就嚮往擁有一個自己的家，並且相親了超過上百次。歷時近二十年的尋尋覓覓，我終於在四十九歲那一年結婚了。

　　我的另一半是位外科醫師，第一次見面的時候，我對他沒什麼特別的感覺，發現他本人比照片好看一點，講話語速很慢，音量不大，如果應徵新聞臺文字記者，應該是第一關就會被刷掉的那種類型。

相親那天是大年初四，已經在越南工作近三年的我，為了這次見面，特地從高雄老家搭高鐵北上。抵達冬天下著微雨的臺北，感覺特別冷，讓我懷念起越南胡志明市溫暖的陽光，並且期盼著初五就能飛回越南上班。

在高鐵上，看著車窗映照出的自己，我發現不知何時，我已經從一個殷殷期待擁有婚姻生活的女子，變成一個結婚也好、不結婚也可以的人。這個轉變不僅是年齡增長、習慣一個人的緣故，更重要的是如今的我已經濟獨立，過得起我想要的生活。對於即將年過半百的我來說，婚姻不是找一個長期飯票，而是希望生活中有個體己舒心的陪伴。

第一眼沒入心的相親對象，見面聊了一個多小時後就各自解散；我回高雄，他回花蓮。隔天我抵達胡志明市後，收到他的電子郵件問候，他的語氣溫文有禮，像極了冬天的陽光，微溫不炙熱；但在愛情裡，

不溫不火時，總覺得少了點什麼。沒錯，這個男人沒什麼不好，但，我對他就是少了怦然心動的感覺。

回到工作崗位的我，有太多公事盤據在心頭，他在我心裡的位置連「待辦事項」都排不上。但是，他開始主動用 line 發一些日常生活照給我，像是自己下廚煮了什麼菜、住家附近的樹木隨著季節轉換更換了樣貌、早起散步時發現它冒出了新的枝枒、花瓣上的晨露、在上班途中遇到一隻流浪貓……等，和我分享一些日常而微小的事。

透過這些照片，我發現他是個懂得在平凡生活裡，體會微小幸福的男人。在我們的對話中，他從來沒有跟我炫耀身為醫師有多了不起，也沒跟我彰顯他的博學多聞。他的內心平穩、沒有太多情緒起伏，而我卻是個性剛硬、好惡分明的女人。他跟我的個性，截然不同。

個性南轅北轍的我們，後來決定再給對方一次機會，決定是否在一起。這次相會，他和我談論的又是生活日常，我想第一眼沒有的「怦然心動」，再多看幾眼也不會有，正想轉身說再見的時候，醫院電話就來了！電話那端說，有個病人狀況不好，需要他趕緊回醫院處理。

　　「對不起，我要馬上回醫院，不能跟妳聊了。」他話一說完，掉頭就走。而我也不知哪來的念頭，立刻跟上前去，對他說：「我陪你回醫院。」那天晚上，看到他對病人及家屬的態度，我確定眼前的這個人，是個有肩膀有擔當的男人。在生死攸關的兵荒馬亂時刻，他依舊保持一貫的沉穩、視病猶親，我相信這是一個人的本性，裝不來的。

　　一個有責任感的人，特別有魅力，足以讓人怦然心動。

當我們決定步入結婚禮堂時，我才深刻體會到，即使我們已邁入初老之年，但結婚並不只是兩個人之間的事，而是兩個家庭的事，並不如想像中那麼單純。

　　我母親很在意他離過婚這件事，擔心他之前離婚的理由，是否會再次出現在這段婚姻裡？這是很多再婚者都會遇到的質疑。我跟母親說，人與人相處的模式與化學反應不同，你跟某個人在婚姻生活中處不來，走上離異之路，不代表你跟其他人結婚也會離婚。賈靜雯的婚姻，不就是最好的證明嗎？她的第一段婚姻不幸福，不代表她不適合婚姻、不適合為人妻，只能說，她跟第一任丈夫不適合共同生活。

　　離婚，不代表一個人的品格有瑕疵，只是表明原本相愛的兩人決定結束一段彼此不適合相處的婚姻。

　　結婚前，有兩個成年子女的他，最疼愛的女兒對

我有點意見，我能理解她對我的疑惑，因為換成我是她，我也會對父親再婚對象抱持保留的態度。她與我的過去生活沒有交集，彼此沒有相處的經驗，要瞬間建立「親如家人」的情感，對彼此來說，都有困難。因為感情的建立需要相處，需要時間，而這也是跟有子女的人結婚，會遇到的共同問題。

有讀者跟我分享當繼母的心情，她嫁給鰥夫，一結婚就得面對一個國中二年級的兒子。正值青春叛逆期的男孩覺得爸爸在母親過世沒幾年就再娶，「你對得起我媽嗎？她才死多久，你就能立刻愛上別的女人，我真懷疑你有沒有愛過我媽！」兒子當著繼母的面，對父親咆哮，給足了繼母難堪。

這位讀者告訴我，不管她怎麼釋出善意、怎麼用心關懷繼子，「只差沒跟他下跪乞求他對我態度好一點，不要讓他爸爸夾在我們中間為難……」這位繼母說破嘴、做再多，都無法打開繼子緊閉的心房，更沒

辦法消弭繼子對她的仇恨。

我跟讀者說：「姻親關係的建立，也就是妳跟繼子的牽繫只在於：他的爸爸正好是妳的丈夫，如此而已。」先不要寄望雙方可以馬上建立「一家人」的關係，因為你們本來就沒有血緣關係，不是嗎？

如果你已經盡力釋出善意，對方仍不領情，就坦然接受現況吧！至少維持彼此之間應有的禮貌，不必親如家人，但也無須當仇人。

我以我自己的例子跟讀者分享，這是我選擇的婚姻，我只在意我跟我先生之間的相處是否舒服，是否過得幸福。配偶是我的生命中，除了「我」以外，最重要的人。我承認這樣的想法很自私，在婚姻中，我選擇了先愛自己，因為我相信只有經濟獨立的女人，才能活得有底氣。

如果妳已婚，別一心想著倚靠丈夫生活；如果妳跟我一樣，嫁給離過婚、有孩子的男人，請務必在婚後保有能夠賺錢養活自己的能力，不僅能讓妳過得自在、也有尊嚴，還能讓他的孩子知道，妳是有本事自立自強的女人！

每對步入結婚禮堂的戀人，或許都曾在許下諾言的那一刻，相信這世間有所謂的「天長地久」，但正如張愛玲所言：「愛情經得起風雨，卻經不起平凡。」婚姻生活就是平凡到不能再平凡的日常，若要維持感情恆溫，除了夫妻兩人得用心經營之外，還必須具有經得起風雨飄搖的經濟基礎。所謂「貧賤夫妻百事哀」，是亙古不變的真理。與其相信愛情的永恆，我更相信這輩子永遠不會背叛我的，是銀行的存款與獨立養活自己的能力。

能夠善待自己，好好生活，就是人生中最幸福的歸宿。

12

我是他也是她：
做自己，
是最艱難的一課

2019 年 9 月，我因結婚辭去越南的工作，來到花蓮國立東華大學擔任講師，教授的課程是三學分的必修課「新聞採訪與寫作」。因為第一堂課教室後面坐滿了學生，晚來的同學們不得已之下，才勉強往前坐。希望能離老師的講臺越遠越好，這是學生們挑選座位的唯一法則。

我注意到有一位同學很早就進入教室，挑了一個最靠近講臺的位子坐下。我們的距離靠近，所以她的

臉看得特別清楚，她有原住民血統，五官深邃；臉上的妝容精緻，挽起來的長髮讓頸項弧線完美呈現，一頭長髮配上合身的長褲搭配細長的流蘇耳環，這個身高將近 180 公分的纖細女孩，走在教室座位的走道，活像是從伸展臺上走出來的時尚模特兒。

第一堂課照例要點名，當我按照助教給我的名單依序唱名的時候，唸到「吳駿煌」，她舉起手，輕柔地說：「有！」坦白說，當時的我愣了一下，但拜在工作上面對鏡頭的專業訓練所賜，讓我依然保持鎮定自若，沒有任何人看出我內心的驚訝。

駿煌上課時很專心也很安靜，寄交作業給我的時候，署名「花花」。

直到上了五堂課後，她開始主動舉手發問，下課的時候我留意到，她跟其他同學們沒有互動，獨來獨往。

每位同學的作業，我都仔細看過並且一一給予反饋，只有「花花」會在收到我的意見後，再給我回應。漸漸地，我不僅是她的老師，也成為她可以訴說心事的朋友。

　　「小時候，我媽和我一起洗澡，我問她：『為什麼我們下面長得不一樣？』我媽說：『因為我是女的，你是男的，所以下面不一樣。』我回她：『可是我想跟妳一樣』。」那年，花花五歲。

　　小時候的花花就喜歡穿媽媽的裙子，黏著媽媽，部落裡的阿姨們常跟花花的媽媽說：「妳生了兩個兒子，這一胎希望是女孩，結果又生了男孩，駿煌要是女兒就好了。」其實，駿煌的媽媽在懷他的時候照了超音波，當時醫師告訴她：「恭喜，是個女嬰！」沒想到生出來卻是兒子。

　　原住民部落裡的男兒郎都很 man，當兩個哥哥跟

著爸爸、叔伯們上山打獵時，駿煌一個人待在家裡，他喜歡花花草草，更喜歡陪媽媽一起縫補衣裳。

「我從小就覺得我是女生，爸爸帶我跟哥哥們去溪邊游泳，叫我脫光上衣，我忍不住哭了，我是女生，怎麼能脫光衣服給人看？」駿煌的陰柔氣質，讓兩個哥哥看不下去，硬是上前扒了他的上衣，「你是男生，怎麼這麼娘娘腔？哭什麼啊！」兩個哥哥大聲斥喝教訓他，從此以後，駿煌沒有再跟哥哥們講過話。當家人一起吃晚餐的時候，他總是一個人待在房間裡，等全家人吃完了，他再從冰箱裡拿出剩菜剩飯，開始在一個人的餐桌吃晚餐。

駿煌跟他人保持一定距離，他的安靜讓父母感到不安，帶他去看精神科，認為這孩子或許有自閉症。直到國中一年級，駿煌用零用錢買了一件長裙穿回家，爸媽還以為是學校話劇表演的舞臺裝，沒想到兒子認真地跟父母說：「我是女生，我以後可以穿女裝

嗎？」媽媽立馬賞了他一個耳光，爸爸叫他「脫下裙子別丟人現眼，再胡鬧就滾出這個家。」這是駿煌第一次選擇「做自己」，換來的是父母的不諒解與責備。

進入青春期後，他在人前壓抑想要成為女性的渴望，發育特別快的他，身高一下子抽高到 178 公分，男性特徵也越發明顯。高中生的卡其褲讓他的胯間，鼓凸出一脊峰脈，那是生命之泉，象徵著原始的激昂，但每天早晨的自然生理反應，讓他不知所措，「我看到勃起的生殖器，就有一種厭惡感，那不是屬於我的器官，為什麼偏偏長在我身上？」那些鬍子、體毛的雄性特徵，都讓他覺得反感、煩惱，他開始用爸爸的刮鬍刀除體毛，用媽媽的乳霜保養皮膚，衣櫃裡藏著他私下偷偷買的女性內衣褲還有裙子，爸媽發現後，又帶他去看精神科。

考上大學後，他住校並且留起長髮，天天化妝、穿女裝，第一次以全女性裝扮回到部落老家的時

候，媽媽拿起剪刀，剪斷了他的長髮，用手塗抹掉他的口紅，發了瘋似的對他狂吼：「你這不男不女的東西，我怎麼生出這樣的怪物，你這樣還不如死掉算了！」他哭著奪門而出，此後，有兩年的時間，都沒回過家。

駿煌在大學期間拚命打工賺錢，希望盡快存夠錢到泰國做變性手術。「我需要成為真正的女人，這身體不換，我就算自認是女人，別人看我就是怪物。性別認同不是自己說了算，而是需要社會公認！」會有這樣的體悟，是因為他經歷了太多被霸凌的事件。

大學體育課要游泳，他站在更衣室前，不知該往哪個方向走。「我準備了女性泳裝，但是站在更衣室的男女指示牌前，我突然不知道我屬於哪裡。」駿煌退掉了體育課，「在我擁有真正的女性軀體之前，我絕對不去游泳。」

下課他去牛排店打工，有次幫客人點餐完畢，轉身走到廚房前，駿煌聽到客人在他背後竊竊私語地討論著：「他是男的還是女的啊？」「穿著打扮是女的，說話聲音是男的，但仔細看又沒有喉結。」「應該是人妖吧！」

2000年出生的他，收到服兵役體檢單的那一天，徹底崩潰了。走進醫院前，他的內心忐忑不安，拿著證件資料報到時，雙手不斷顫抖。一位站在櫃臺前、穿著黃色制服的替代役男，看到駿煌在表格的性別欄裡勾選「女」，眼光立刻聚焦在他的胸部，接著掃向他的胯間。

駿煌完成了抽血、量身高體重、視力檢測……等檢查，最後來到「精神鑑定」這一關。戴著黑框眼鏡的短髮女醫師，「刻意」輕聲細語地問駿煌：「你認為你的性向是女生嗎？」駿煌突然明白，「原來我認為我是女人，是不成立的；『我是女人』這件事，是

需要被鑑定、被社會上所有人認同後才能認定，我是個女人。」

　　駿煌通過了精神鑑定，不必服兵役，但這次經驗讓他更加下定決心，「一定要盡快動變性手術，就算死在手術臺上，我也不怕！我就是要女人的身體，成為真正的女人。」

　　「做自己」這三個字，對駿煌而言，是一條艱難的道路。儘管困難，他沒有放棄，他學會不去在意別人的眼光，學會接納自己，「真的很難過的時候，我就嚎啕大哭，哭累了就睡著了，然後又是新的一天。」在淚水中，駿煌習慣了孤單，說習慣其實也是「被迫」必須去適應這個殘酷的世界，因為男人看他不是女人，女性看他不是男人，一時之間他找不到自己的歸屬感。

真正讓駿煌困擾的不是性別，因為他早已認定自己就是女性，卡在他心裡過不去的坎，是母親對他的不諒解。「這世上，我最愛、最在意的就是我媽，她不能接受我的話，我這輩子都會很遺憾。」

兩年沒有回家的駿煌，選擇在動變性手術前，也就是今年生日那天，回到部落老家。他跟母親說：「謝謝妳生下我，我會好好活著做我自己，不管我是男還是女，我都會走在正路上，絕對不讓妳蒙羞失望。」媽媽聽了駿煌的感恩告白之後，低頭沉默不語。

這天晚餐吃的是媽媽做的豬腳麵線，吃完飯回到房間，駿煌發現床上有個禮盒，打開一看……是女性內衣！裡面有張卡片寫著：「生日快樂！我的女兒。愛妳的媽媽」駿煌眼眶飆淚，然後嚎啕大哭，奔向了母親的懷抱。從十三歲第一次買裙子、穿裙子回家的那一天到現在，駿煌等了九年，終於等到了這份與家人和解的禮物。

〔後記〕

成為理想中的自己

寫這本書的時候，正是 Netflix 原創影集《魷魚遊戲》熱播的時刻。這齣戲讓我們看到職場與人生的縮影。惡人再惡，也有軟弱的一面；好人再怎麼善良，為了生存，也會欺騙或犧牲他人。當資源稀缺，只能有一人可以生存，人性的醜惡面就會主導一切，在這場零和博奕的遊戲裡，善良者注定提前出局。

而看完這齣戲後，你會更相信，能選擇自己人生的人，是幸福的。

你想成為什麼樣的人？該怎麼成為理想中的那個「我」？

《內在原力：9 個設定，活出最好的人生版本》作者愛瑞克在書中提到「以終為始」的信念系統，簡單說，就是「Be、Do、Have」，跟大多數人先做了再說的「Do、Have、Be」明顯不同。愛瑞克說，Be 是一切的開頭，讓自己先以「將來要成為的人」的心態來做選擇、判斷及作為；這是確保將來可以成為那樣的人、擁有想要的東西最可靠的方式。

比方說，我想成為大學講師，當我把履歷及完整的教學計畫寄給國立東華大學系主任的時候，我的做法就是「Be、Do、Have」。我是以「我已經是」（Be）東華大學老師的心態，寫了十七堂課的詳細教學計畫（Do），最後，如願以償地獲得了教職（Have）。

請在內心畫出一個理想中的「我」。閉上眼、專注地觀想理想中的自己是什麼模樣。這個「理想中」的我，正等待「現在」的我，逐步接近他。當你堅定地相信你能成為理想中的那個自己，你就能自動過濾掉旁人的冷嘲熱諷與不看好的眼光；在邁向理想中的「我」過程中，一定會遇到挫折與障礙，就算碰到小人與奸人，都影響不了你勇敢前進的決心。

　　這個「理想的自己」圖像，就像「吸引力法則」所說的，當你越堅定地相信這個圖像，你會吸引宇宙所有的力量來幫助你實踐想要達成的願望。專注、專注、再專注，實踐、修正、再實踐，有朝一日你就能成功實現心中的夢想。

　　在築夢踏實的過程中，行有餘力的話，請多行公益。莫忘世間苦人多，所有我們給出去的善意，宇宙都會以最美好、最奇妙的方式回報給我們。這是我的親身經驗，當我把版稅全數捐贈給公益慈善機構後，

有更多的商業機會出現在我面前。每次當我行善，宇宙總會以更豐厚的方式，把善果帶回到我身上。儘管我行善的目的不是為了福報，但宇宙會把這些善意加倍回饋在我及我家人的身上。

　　和上本書一樣，這本書的版稅將捐贈出去。這是讀者們共同行善的成果，我只是橋梁，把大家的愛心送給天主教輔仁大學「幫大體老師找個家」。我相信這些善意都會替自己帶來恩典。祝福大家，只要為自己勇敢、為自己堅持，一定能成為理想中的自己。

逆襲者的求生筆記：你可以不腹黑，但別讓自己活
得太委屈 / 莎莉夫人 (Ms. Sally) 著 .-- 初版 .-- 臺北
市：時報文化出版企業股份有限公司, 2022.01
  264 面 ; 14.8x21 公分 .-- (人生顧問 ; 440)
ISBN 978-957-13-9782-5(平裝)

1. 職場成功法 2. 人生哲學 3. 生活指導

494.35   110020172

人生顧問 440

逆襲者的求生筆記

你可以不腹黑，但別讓自己活得太委屈

作者	莎莉夫人（Ms. Sally）
主編	羅珊珊
責任編輯	蔡佩錦
校對	江淑霞　蔡佩錦　莎莉夫人（Ms. Sally）
內頁設計	王瓊瑤
封面設計	兒日

總編輯	龔橞甄
董事長	趙政岷
出版者	時報文化出版企業股份有限公司
	108019 臺北市和平西路三段 240 號四樓
	發行專線 02-2306-6842
	讀者服務專線 0800-231-705・02-2304-7103
	讀者服務傳真 02-2304-6858
	郵撥 19344724 時報文化出版公司
	信箱 10899 臺北華江橋郵局第 99 信箱

時報悅讀網	www.readingtimes.com.tw
思潮線臉書	https://www.facebook.com/trendage
法律顧問	理律法律事務所 陳長文律師、李念祖律師
印刷	勁達印刷有限公司
初版一刷	2022 年 1 月 7 日
定價	350 元

時報文化出版公司成立於一九七五年，並於一九九九年股票上櫃公開發行，於二〇〇八年脫離中時集團非屬旺中，以「尊重智慧與創意的文化事業」為信念。